FORSCHUNGSBERICHTE DES LANDES NORDRHEIN-WESTFALEN

Nr. 1670

Herausgegeben
im Auftrage des Ministerpräsidenten Dr. Franz Meyers
von Staatssekretär Professor Dr. h. c. Dr. E. h. Leo Brandt

DK 676.017.2
676.2.052.638
676.2.053

Dr.-Ing. habil. Hans Klingelhöffer

Papiertechnische Stiftung München

Kräfte und Bewegungsgesetze der laufenden Papierbahnen

WESTDEUTSCHER VERLAG · KÖLN UND OPLADEN 1966

ISBN 978-3-663-06364-3 ISBN 978-3-663-07277-5 (eBook)
DOI 10.1007/978-3-663-07277-5

Verlags-Nr. 2011670

Gesamtherstellung: Westdeutscher Verlag

Inhalt

I. Bahnkräfte ... 9
1. Bahnspannung ... 9
2. Feuchtigkeitseinfluß ... 11
3. Querschnittskräfte ... 12

II. Bahnbewegung ... 14
1. Energiebilanz ... 14
2. Reibungskräfte ... 15
3. Laufstabilität ... 17

III. Bahnschwingungen ... 21
1. Schwingungsverhalten der stehenden Bahn ... 21
2. Schwingungsbild bei überlagerter gleichförmiger Bewegung ... 23
3. Stoßwellen ... 24

IV. Planung von Betriebsmeßanlagen ... 27
1. Maschineneinstellung ... 27
2. Papierzustandsgrößen ... 28
3. Einbaurichtlinien ... 28

V. Messung der Bahnspannung ... 31
1. Walzenmessung ... 31
2. Taster mit Dehnstreifen ... 33

VI. Messung der Bahndehnung ... 35
1. Mittlere Längsdehnung ... 35
2. Querkontraktion ... 36
3. Unebenheiten ... 36

VII. Messung des Klimazustands ... 38
1. Umgebungsklima ... 38
2. Bahntemperatur ... 39
3. Bahnfeuchtigkeit ... 39

VIII. Analogmessungen 42
1. Veranlassung und Grundgedanke 42
2. Beispiele 42
3. Mathematisches Abbild 43

IX. Gekoppelte Messungen 45
1. Analogrechner als Koppelglied 45
2. Kopplung zur Gerätekorrektur 45
3. Kopplung zur Meßwertdarstellung 46

Literaturverzeichnis 47

Das Verhalten von Papierbahnen beim Durchlauf über Verarbeitungs- und Veredlungsmaschinen weist technologische Eigenheiten auf, die für den Betrieb wesentlich sind. Es handelt sich um alle von der Rolle verarbeitete Papier- und Pappesorten, also um Flächengewichte von 15 (Seidenpapier) bis 600 (Maschinenpappe) g/m² und Bahnbreiten von einigen Millimetern (Papierbänder) bis zu etwa 3,60 m (Druckpapierrollen). Die Bahngeschwindigkeiten erreichen z. B. bei Streichanlagen 600 m/min. Der industrielle Betrieb erwartet von der Maschinenanlage eine sichere Führung der Papierbahn bis hin zu einer fehlerfreien Aufrollung bzw. Ablage. Unzulässig große und auch unregelmäßige Dehnungen können zu Qualitätsminderungen führen, wie schlechte Passer bei Mehrfarbendruck, Einrollen bei Kaschierungen oder schließlich auch Bahnrisse mit Produktionsausfall.

I. Bahnkräfte

1. Bahnspannung

Die Zugkräfte in der Papierbahnebene werden vom Flächengewicht und von Maschinenbedingungen bestimmt. Die letzteren sind bisweilen schwer zu erkennen; man hat zu beachten:

a) bremsende Wirkungen, z. B. Bremsung der Abrollung,
Reibung auf Gleitflächen usw.,

b) ziehende Wirkungen, z. B. Antrieb der Aufrollung,
Zugwalzenpaare usw.,

c) wechselnde Wirkung, z. B. der Trägheit mitlaufender Walzen, durch wechselnde Relativgeschwindigkeiten usw.

Im Einzelfall ist eine Skizze (Abb. 1) zweckmäßig, die als Grundlage von Betriebsversuchen dienen kann. Insbesondere muß erkennbar sein, welche Stellgrößen zur Einregelung eines Spannungssollwertes in Frage kommen.
Im einfachsten Fall würde die Bahn von der abgebremsten Abrollung auf die angetriebene Aufrollung gezogen. Je nach Art der Bremsung und des Antriebs läßt sich der Einfluß der sich ändernden Rollendurchmesser so kompensieren, daß die Geschwindigkeit und Gesamtspannkraft konstant bleiben [1]. Aber auch bei einwandfreiem Arbeiten dieser Vorrichtungen sind Kraft und Dehnung über die Papierfläche zwischen den Ablauf- und Auflauflinien nicht ganz gleichmäßig: das Eigengewicht ergibt je nach dem Durchhang und der Bahnlänge Zusatzspannungen, die an den Bahnenden größer sind als in der Mitte (Abb. 2). Eine andere Ursache für ungleiche Dehnungsverhältnisse bei einfachster Längsspannung ist die

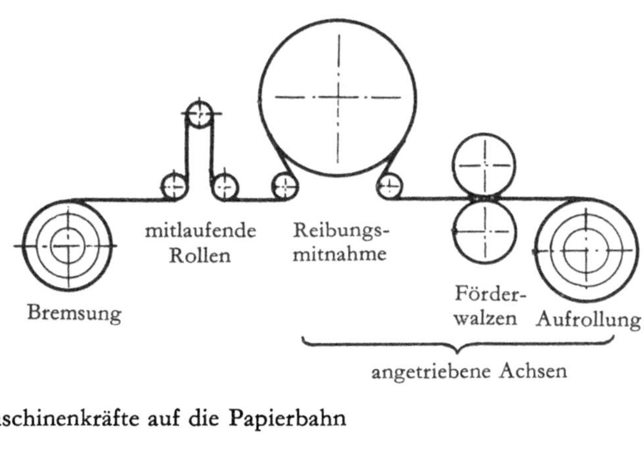

Abb. 1 Maschinenkräfte auf die Papierbahn

Querkontraktion der Bahn, wie sie für homogene Werkstoffe durch die Poissonsche Zahl berechenbar, bei inhomogenem Papiergefüge allein durch Versuche bestimmbar ist. Der ungleichen Dehnung entspricht ein ungleiches Spannungsfeld. Da die Ausmessung auf der Papierbahn zwar möglich, aber wegen der Kleinheit der Längenänderungen unanschaulich ist, kann man zur ersten Orientierung Modellversuche mit Weichgummibändern machen. Hierbei wird man bemerken, daß ein wesentlicher Teil der Kontraktionskräfte bei dünnen, flächigen Materialien nicht Stauchung, sondern Faltungen hervorruft.

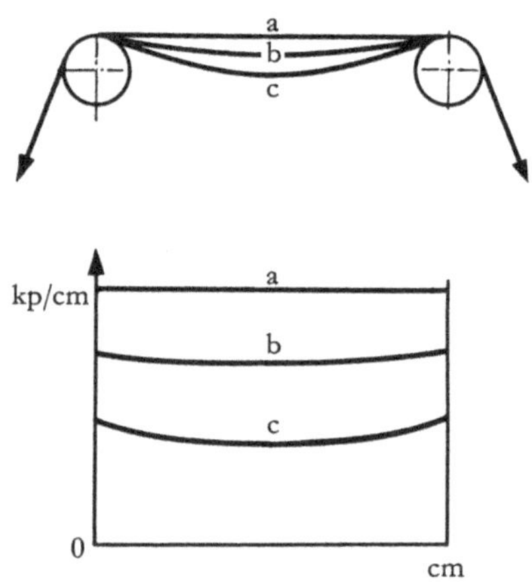

Abb. 2 Durchhang und Spannungsverteilung

In allen Anwendungsfällen werden zwischen Ab- und Aufrollung auf die Bahn nach dem Schema von Abb. 1 auch Zwischenwalzen verschiedener Art einwirken. Soweit Reibungskräfte außer Betracht bleiben können, lassen sich die Zwischenbahnkräfte aus den maßgebenden Endkräften durch zeichnerische Kräftezerlegung bestimmen. Auch Pendelwalzen erhöhen die Bahnspannung nicht eigentlich, sondern stellen sich entsprechend den Endkräften ein. Bei winklig stehenden Umlenkrollen, z. B. zur Einleitung von Faltvorgängen sind räumliche Kraftecke zu berücksichtigen oder es treten komplexe räumliche Spannungszustände ein. Diese kann man näherungsweise durch Gummibandmodell verdeutlichen. Als Sonderfall ist die Verspannung der Bahn bei nicht genau parallelen Ab- und Aufrollachsen anzusehen.

Reibung der Bahn zwischen Ab- und Aufrollung hat unbestimmte Spannungsaufteilung zur Folge. Man kann höchstens dann zu eindeutigen Ergebnissen kommen, wenn man von der Bahnspannung null ausgehend eine der Endkräfte stetig vergrößert und die allmählich zur Wirkung kommenden Reibungskräfte nach Kennlinien berücksichtigt. Die theoretischen und experimentellen Rechenunterlagen sind den Berechnungsverfahren für Riementriebe [2] zu entnehmen. Über Bahnspannungen mit Reibungskräften bei bewegter Bahn wird weiter unten gesprochen.

2. Feuchtigkeitseinfluß

Neben der Längen- und Breitenänderung der Papierbahn durch die Zugkräfte sind die Maßänderungen durch Feuchtigkeitswechsel zu berücksichtigen. Diese Gefügeänderung durch Ausweitung der Faserbindungsstellen ist vor allem in Querrichtung aus der Quellung der Bahnbreite erkennbar. Die Messung ohne Bahnspannung wird mit einfachen Geräten [3] ausgeführt. Das Ergebnis stellt man in Kurven, getrennt für Längs- und Querrichtung dar, wobei man Luftfeuchtigkeitswechsel zwischen 10 und 80% rel. Feuchte berücksichtigt. Niedrigere Werte könnten das Papier bleibend verändern, höhere zur örtlicher Wasserkondensation führen. Meist liegen die Kurvenäste für abnehmende Feuchtigkeit etwas über denen für zunehmende als Folge einer Sorptionsverzögerung (»Hysterese«).

Bei gleichzeitiger Krafteinwirkung tritt zu der Maßänderung durch Quellung die vom Feuchtigkeitsgehalt beeinflußte Dehnbarkeit. Für Bereiche, in denen man hystereseartige Eigenschaften vernachlässigen kann, gelten Zusammenhänge, die eine Dehnungsumrechnung für verschiedene Bahnspannungen und Feuchtigkeiten möglich machen (Abb. 3). Unter praktischen Bedingungen ist über größere

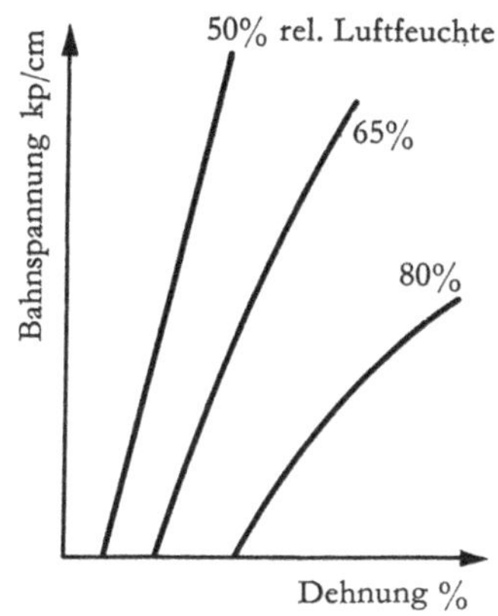

Abb. 3 Spannungs-Dehnungs-Kurven für verschiedene rel. Luftfeuchtigkeiten

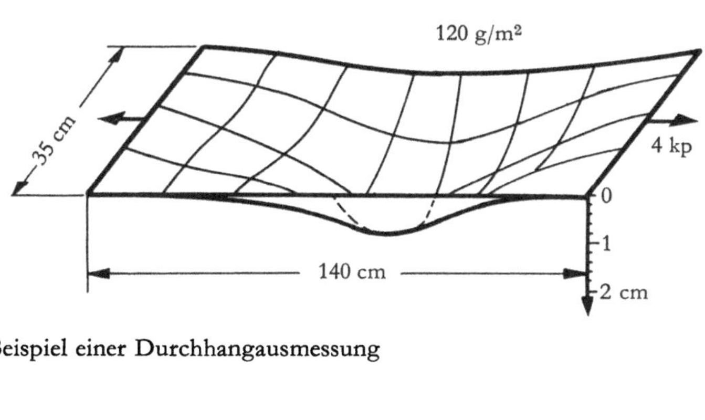

Abb. 4 Beispiel einer Durchhangausmessung

Bahnlängen und Breiten mit wesentlichen Feuchtigkeitsunterschieden (»Feuchtigkeitsprofil«) zu rechnen. An Stelle von Durchhangkurven treten infolgedessen unregelmäßige Flächen (Abb. 4), die höchstens durch statistische Auswertung zu erfassen sind. Entsprechend den Befeuchtungs- und Trocknungsvorgängen während der Verarbeitung einschließlich der unbeabsichtigten Einflüsse des »Kleinklimas« in der Umgebung der laufenden Bahn [4] variiert mit zeitlicher Verzögerung der Bahnzustand.

3. Querschnittskräfte

Die Bahnspannungen können nicht nur längs und quer zur Bahnrichtung verschieden sein, sondern auch an deren Ober- und Unterseite, also über den Querschnitt betrachtet. Als unerwünschte Auswirkung kennt man z. B. die Einrollneigung einer beschichteten Bahn im Trockenkanal. Längskraftunterschiede werden in der auf Rolle arbeitenden Maschine nicht deutlich, sie zeigen sich erst nach dem Querschneiden oder Ausstanzen. Die Ursachen solcher Spannungsunterschiede sind unsymmetrische Trocknungsverhältnisse, Schrumpfen beim Erstarren von Beschichtungen oder durch Weichmacherabgabe usw. Diese Erscheinungen sind auch für sich experimentell erfaßbar, z. B. wie schon in Abb. 3 dargestellt. Die Auswirkungen von Zustandsänderungen, wie sie Diffusionsvorgänge durch die Bahn hervorrufen, kann man näherungsweise an Einzelproben erkennen. Maßänderungen geben unverzögert die erfolgte Wasseraufnahme wieder. Beispielsweise trägt man auf ein Probeblatt mit Streichrakel eine Kunststoffdispersion auf und beobachtet die Einrollung beim Wegschlagen des Wassers und während der anschließenden Trocknung, etwa unter einem Infrarotstrahler (Abb. 5). Bei quadratischen Proben, die nach der Faserrichtung orientiert sind, heben sich die Längs- und Querunterschiede gegeneinander ab.

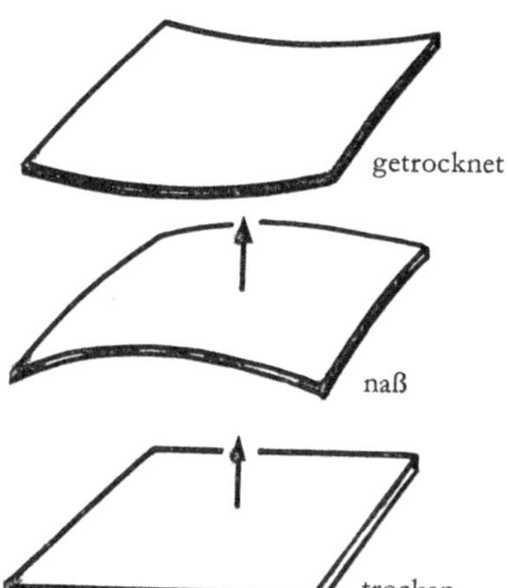

Abb. 5
Einwölben freier Probeblätter

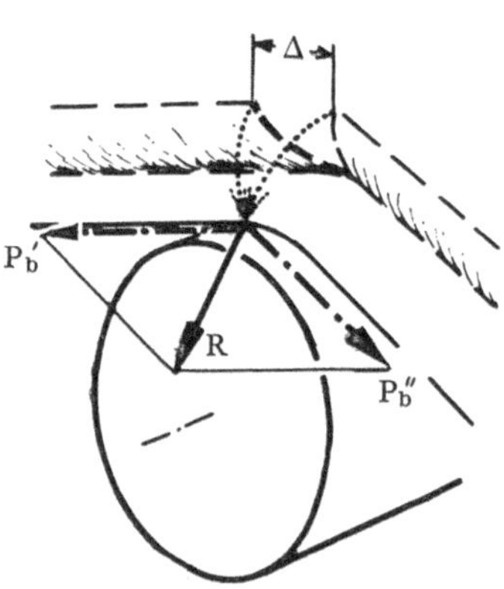

Abb. 6
Ausrichten durch Bogenbahnführung

Die Maschinenkonstruktion schützt sich gegenüber diesen Störungen wenigstens innerhalb des Durchlaufwegs z. B. durch gebogene Bahnführung. Jede Einrolltendenz wird hier durch erhöhte Bahnspannung an den Stellen unterdrückt, die sich von ebener Bahn nach oben abgehoben hätten (Abb. 6). Die zusätzlichen Bahnrandkräfte müssen durch ihre Resultierende die Einrollung beseitigen. Man muß allerdings Rückwirkungen beachten, die hiernach aus den Bahnspannungsunterschieden quer zur Bahnrichtung folgen können. Bis zur Aufrollung lassen sich durch Ausgleich bei bewegter Bahn wieder die Vorbedingungen zur gleichmäßigen Rollenhärte schaffen. Trocknungsvorgänge jeder Art in verspannter Bahn stellen dagegen das Flachliegen des Endprodukts als Zuschnitt in Frage.

II. Bahnbewegung

1. Energiebilanz

Der Transport der Papierbahn durch die dazwischenliegenden Verarbeitungsstufen wird durch die Bahnspannung vermittelt. Die Leistung, berechnet aus dem Produkt der Bahnkraft und Bahngeschwindigkeit ist in der Bremsleistung der Abrollung wiederzufinden, abgesehen von der potentiellen Federenergie der Papierrollen und ähnlichen Energiespeicherungen. Dieser Arbeitsbetrag ist am leichtesten aus einer Überschlagsrechnung abzuschätzen, die sich an ein in derPraxis angewandtes Verfahren zur Bestimmung der Rollenhärte [5] anschließt: Man denkt sich die Rolle radial bis zum Kern aufgeschlitzt und rechnet mit einer mittleren Bahnkraft mal Lagenzahl und einer mittleren Spaltweite die gespeicherte »Federarbeit« aus (Abb. 7). Nennenswerte Leistungen sind nicht zu erwarten, dagegen ist der Spannungsunterschied der Rollenlagen gegenüber der freien Bahn Ursache von Relativbewegungen an der Abrollinie mit Abrieb und elektrostatischer Aufladung.

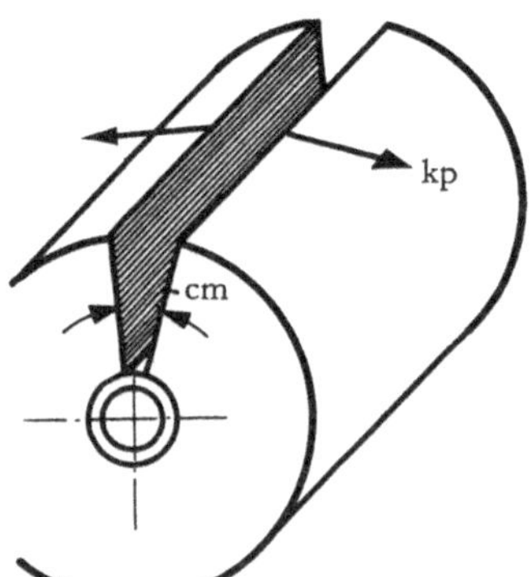

Abb. 7
»Federenergie« einer Papierrolle

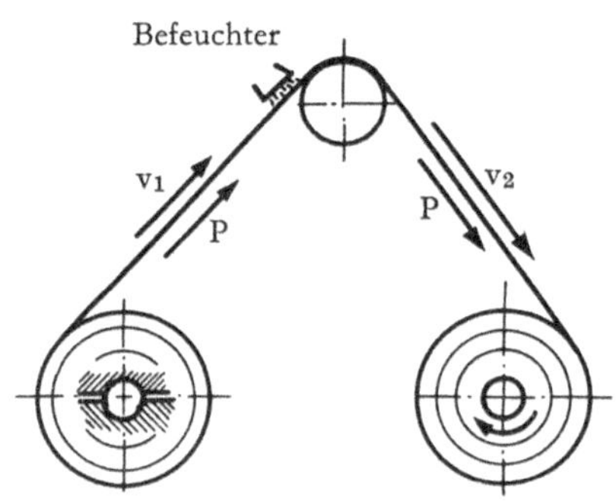

Abb. 8
Ab- und Aufrolleistung

Ein anderer Energieumsatz wird durch Bahngeschwindigkeitsänderungen infolge Dehnung und Schrumpfung bemerkbar. Beispielsweise ist nach einem Befeuchter eine Längenänderung um 10% möglich (einschließlich vergrößerter Dehnung) bei gleichem Bahnzug; damit ist die Geschwindigkeit an der Aufrollung um 10% größer (Abb. 8), d.h. auch die Aufrolleistung größer als die Abroll-Bremsleistung. Dieser Energiezuwachs wird nach Klimatisieren auf den Ausgangswert

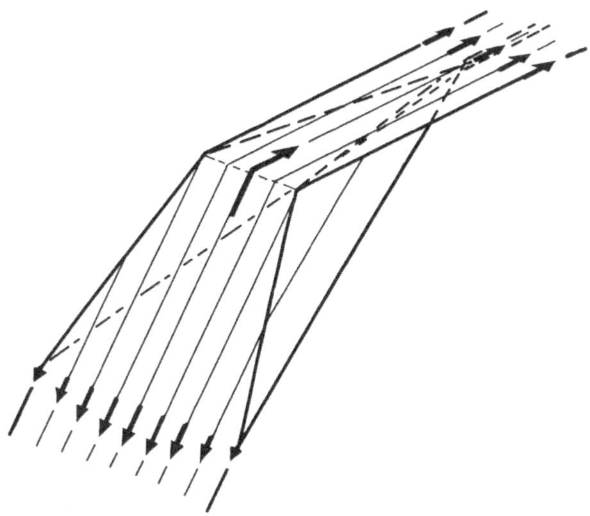

Abb. 9 Bahnspannungsverteilung beim Schlauchlegen

durch erhöhte Rollenhärte gespeichert oder einfach beim Schrumpfen der Zuschnitte wieder frei.
Zu den durch die Maschinenkonstruktion bedingten Kräfte- und Geschwindigkeitsabweichungen vom Mittelwert gehören noch die durch windschiefe Ablenkungen verursachten. So erfordert die Schlauchbildung bei der Herstellung von Beuteln von der Rolle Bahnführungen, die praktisch die Konzentration der Bahnkraft auf einen kleinen Teil der Bahnbreite mit sich bringen (Abb. 9). Im Einzelfall ist nachzuprüfen, wieweit sich die Übergangsbereiche im Spannungsfeld solcher Umlenkungen nach vorwärts und rückwärts erstrecken.

2. Reibungskräfte

Die Reibung zwischen Papierbahn und Walzenoberflächen kann zunächst als Ruhereibung angesehen werden; die Schmiegbarkeit der Papiere wird wenigstens stellenweise guten Kontakt und hohe Reibzahlen sichern. Man nutzt diese bisweilen für Scherkräfte aus, etwa beim Ausgleich von Längsspannungen längs der Bahnbewegung, oder quer dazu beim Aussteuern seitlicher Bahnbewegungen. Man weiß durch Messungen unter Laboratoriumsbedingungen, daß der Reibungskoeffizient mit dem Anpreßdruck wächst und daß bei hochglänzenden und feuchten Papieroberflächen eine vom Anpreßdruck ziemlich unabhängige Flächenhaftung eintritt [6]. Für die Verhältnisse bei laufender Papierbahn sind betriebsähnliche Versuche erforderlich, um die besonders wichtigen Kontaktkräfte richtig zu erfassen. Hierzu gehört auch die Berücksichtigung des Umschlingungswinkels, des Walzendurchmessers, der Bahnspannung und der Geschwindigkeiten.

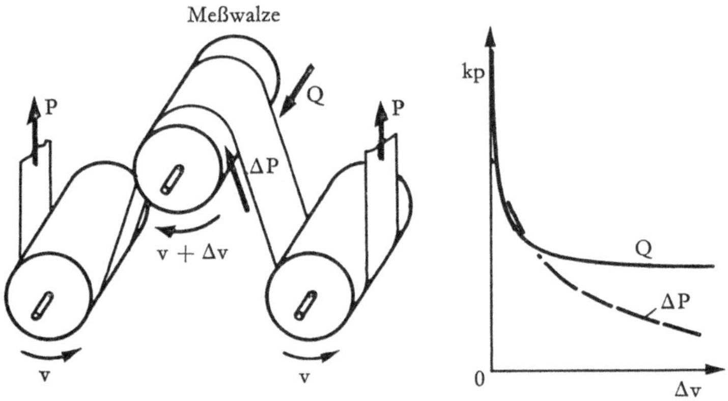

Abb. 10 Messung der Bahnreibung auf Walzen

Diese wirken sich auch durch die mitgeführte Luftgrenzschicht aus. Gesucht sind jeweils das Bremsmoment in Abhängigkeit von der Geschwindigkeitsdifferenz zwischen Bahn und Meßwalze, sowie ihr Widerstand gegen seitliche Verschiebung (Abb. 10).

Die Oberflächeneigenschaften der Walzen haben einen mitentscheidenden Einfluß auf die Reibung und damit auf die Lenkbarkeit der Papierbahn. Die geometrische Gestalt kann z. B. durch Riffelung dieser Aufgabe angepaßt werden. Die Stoffwahl z. B. bei Gummiwalzen unterstützt den Kontakt zwischen Bahn und Walze. Mit diesen Hilfsmitteln können noch weitergehende Aufgaben als Vorschub und Lenkung der Bahn gelöst werden. Ein Beispiel ist die Glättung von Längswellungen durch die Ausreckung in Querrichtung. Zu den älteren Mitteln gehört die Pfeilriffelung der stehenden oder mitlaufenden Walze (Abb. 11). Die Pfeilrichtung ist je nach der Richtung der Relativbewegung zu wählen. Variable

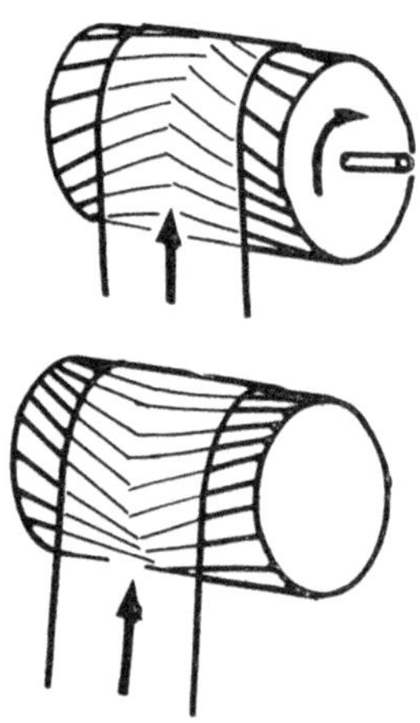

Abb. 11
Pfeilriffelung zur Bahnebenung

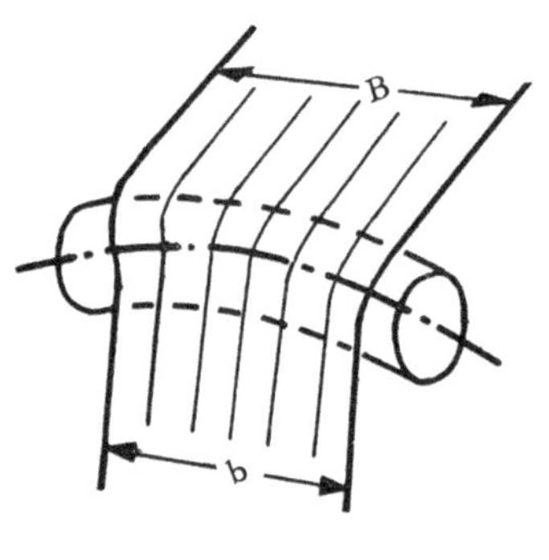

Abb. 12
Gummiwalze mit gebogener Achslinie

Walzenantriebe können demnach nur für zurückbleibende oder aber für voreilende Drehzahlen benutzt werden. Vielfach empfohlen und konstruktiv durchdacht sind Gummistreckwalzen mit gebogener Achslinie (Abb. 12). Bisher scheint dieser Weg allerdings nur für geringe Bahnbreiten gegangen zu werden [7].
In Zusammenhang mit Lufttrocknungsanlagen wurde auch die Möglichkeit der Luftkissenführung für Papierbahnen eingesetzt. Dieses Verfahren ist für die Zuführung von Papier- und Pappestapel z. B. auf dem Tisch von Schnellschneidern gut bewährt. Für Papierbahnen benutzt man an Stelle von Lochdüsen und hohem Luftdruck lieber Spaltdüsen und geringe Drücke. Reicht das Flächengewicht nicht aus, Einrollkräften entgegenzuwirken, dann muß für beidseitige Luftbeströmung gesorgt werden. Als Ergänzung zu Walzenführungen können Luftpolster beim Einziehen einer neuen Papierbahn dienen. Insbesondere lange Maschinenanlagen und große Bahnbreiten verursachen Zeitverlust und Unfallgefahr, wenn dieser erste Arbeitsvorgang nicht bedacht ist. Es handelt sich hier auch insofern um eine vom Dauerbetrieb abweichende Aufgabe, als der Bahnzug von der Aufrollung her und damit eine wesentliche Voraussetzung des Durchlaufs ohne seitliche Auswanderung noch fehlen.

3. Laufstabilität

Die Einhaltung einer bestimmten Kantenstellung ist für die Verarbeitung der Papierbahn von entscheidender Wichtigkeit, weil einerseits die Genauigkeitsanforderungen vom Fertigstück her groß sind und andererseits nachtägliche Korrekturen vor dem Querschneider kaum möglich sind. Zulässige seitliche Bahnabweichungen liegen in der Regel unter 0,5–1 mm. Bei fehlerfreier Ausrichtung der Maschinenlager und guter Einführung der Bahn kann zunächst dank der Steifigkeit der Bahnfläche mit einem störungsfreien Betriebsanfang gerechnet werden. Breite Bahnen mit höherem Flächengewicht halten die erste Ausrichtung leichter bei, bei schmalen, dünnen Papierbahnen wirken sich Störgrößen schneller aus. Die ersten Schwierigkeiten können von der eingesetzten Papierrolle ausgehen. Ungleiche Feuchtigkeit ändert das Spannungsdehnungsverhalten, so daß selbst geometrisch einwandfrei geformte Rollen als Störungsquellen gelten können. Ungleich gewickelte Rollen, Papiere ungleicher Stärke und Oberflächenbeschaffenheit ergeben immer Schwierigkeiten. Im übrigen führen die Verarbeitungsvorgänge (Veredeln, Prägen, Bedrucken, Kleben) selbst zu einseitigen Bahnschrumpfungen und Verlängerungen, die zum Schieflaufen der Bahn führen müssen. Beim Kaschieren und Gummieren ist die Klebstoffschrumpfung von den Trockenbedingungen abhängig. Oft sind diese an den Rändern anders als in der Bahnmitte. Was sich in der gesamten Bahnbreite möglicherweise noch ausgleicht, wird frei, wenn Längsschneider Streifen bilden, die nicht mehr seitensymmetrisch sind. Man wird dann jede Teilbahn in bezug auf ihre Seitenlage regeln müssen.
Die Gegebenheiten der jeweilig zu regelnden Anlagen können durch sogenannte Übergangsfunktionen [9, 10] erkannt werden. Im einfachsten Fall wird man z. B. die Achse der Aufrollung plötzlich um einen bestimmten Winkel schwenken.

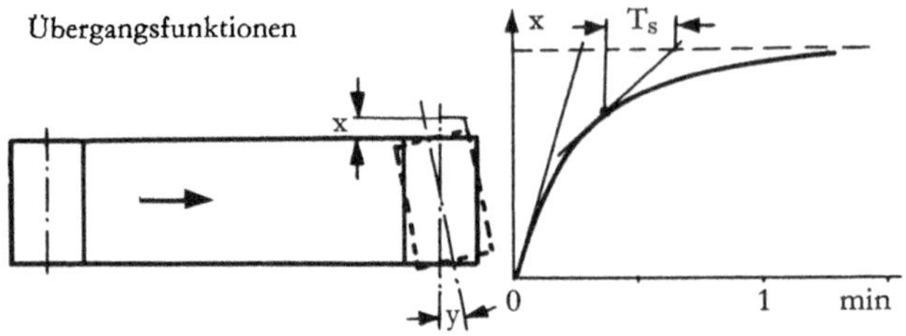

Abb. 13 Geschwenkte Aufrollung

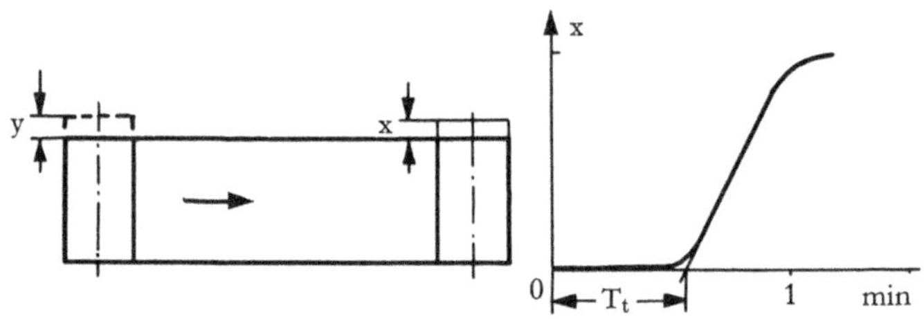

Abb. 14 Verschobene Abrollung

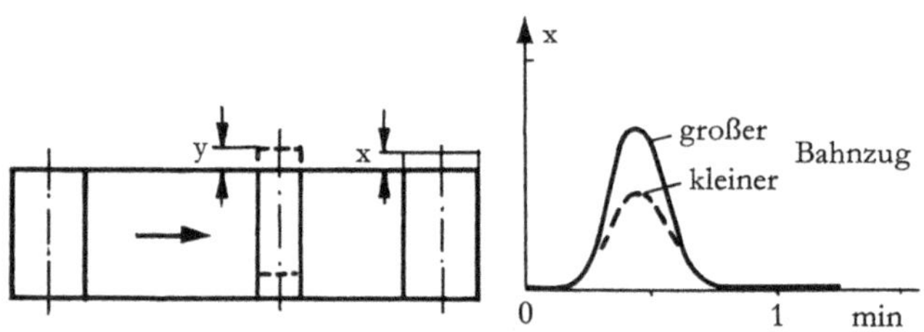

Abb. 15 Verschobene Umlenkwalze

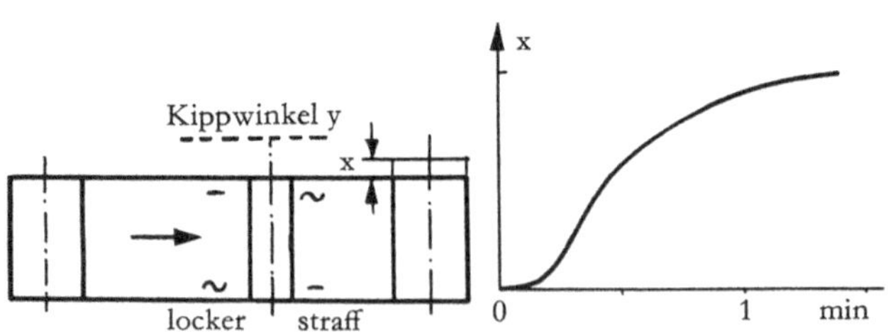

Abb. 16 Gekippte Umlenkwalze

Ergibt sich ein Verlauf der Bahnkante entsprechend Abb. 13, so liegt ein Regelvorgang mit Ausgleich vor: für die neue Winkelstellung spielt sich nach mathematisch beschreibbarem Übergang eine neue Kantenstellung als stabil ein. Als Kenngröße des Regelvorgangs dient die Zeitkonstante T_S. Zum Verständnis dieses Vorgangs muß man die Bahnspannungsunterschiede an den beiden Kanten in Betracht ziehen, die sich selbst auszugleichen bemühen. Hierzu kann man auch das Balligwerden der Papierrollen an Ablauf- und Auflauflinien unter Bahnzug rechnen, seinerseits eine Folge des Härteabfalls von homogenen Papierrollen nach den Seitenflächen hin. Bei zu groben Abweichungen zeigt die Übergangsfunktion durch stetiges Weitersteigen an, daß der Regelvorgang nunmehr ohne Ausgleich verlaufen würde, d. h. einer regelnden Stellgröße bedarf.
Greift die Störung bzw. die Stellgröße y an einem dem Ort der Regelgröße x vorgelagerten Maschinenteil an (Abb. 14), so beginnt die Übergangsfunktion erst nach der Totzeit T_t. Zusammen mit der Zeitkonstante T_S kann sie den Befund der an der laufenden Maschine aufgenommenen Zeitabhängigkeit der Regelgröße in großen Zügen, notfalls als »Ersatz-Totzeit« bzw. als »Ersatz-Zeitkonstante« bei Übergangsfunktionen, die von der mathematischen Grundform abweichen, angeben. Der praktische Betrieb erkennt aus der Darstellung, ob eine Nachstellung von Hand oder eine automatische Regelung überhaupt erforderlich ist, und entnimmt ihr die ersten Entwurfsunterlagen für die Reglerwahl.
Zum Ausgleich von seitlicher Bahnauswanderung kommt auch die axiale Verschiebung einer Umlenkwalze in Frage (Abb. 15), insbesondere wenn auch die Störung nur vorübergehend auftritt. Die Wirksamkeit ist mitbestimmt von der Reibung zwischen Bahn- und Umlenkwalze und damit sehr von dem Bahnzug und dessen Verteilung über die Bahnbreite.
Das Kippen von Umlenkwalzen zum Ausgleich von Randspannungsunterschieden (Abb. 16) wird vielfach bei Druckmaschinen angewandt. Schlechte Walzenjustierung kann ähnliche Wirkungen auch über die Gesamtanlage verteilt veranlassen. Beweist die Übergangsfunktion den Selbstausgleich des Bewegungssystems, so ist der mangelhafte Maschinenzustand also nicht an seitlicher Auswanderung der Bahnkante zu erkennen, sondern am Flattern einer Bahnseite bei straffem Lauf der anderen. Das Umspringen der Hauptzugspannung von einer zur anderen Seite bei stabilem Bahndurchlauf weist auf das Gegeneinanderwirken verschiedener Stellgrößen hin. Da Verarbeitungsmaschinen an allen wesentlichen Funktionsstufen die exakte Bahnlage erfordern, genügt zur Betriebskennzeichnung nicht, die Übergangsfunktion an der Aufrollung zu messen. Grundsätzlich wäre ein Funktionssystem solcher Ordnung zu erfassen, wie es kritische Verarbeitungspunkte gibt. Praktisch kann man sich auf ein System niedrigeren Ordnungsgrades beschränken, wenn eine ausreichende Überbrückung der nicht berücksichtigten Verarbeitungsstufen festzustellen ist.
Eine weitere Erschwerung bringen Maschinen, bei denen mehrere Bahnen zunächst getrennt geführt werden, dann aber gemeinsam zu lenken sind. Die Herstellung von Papierbeuteln und Papiersäcken mit mehreren Lagen bietet dafür Beispiele. Die Kombination verschiedener Materialien wie Druckpapiere, gekreppte Papiere, Aluminium- und Kunststoffolien grenzt zudem die zulässigen

Bahnspannungen verschieden ein. In solchen Fällen können die wenigen Möglichkeiten einer Laufstabilisierung ohne Voraussetzungen an die Bahnspannung, also z. B. ballige Walzen, nützlich sein. Zum Teil geht ihre Wirkung auf Zentrifugalkräfte zurück, zum Teil auf die Schräge der Abrollwege auf dem Walzenumfang; im ersteren Fall wirkt die Maschinengeschwindigkeit ein, im zweiten der Kontakt zwischen Papier und Walze.

III. Bahnschwingungen

Wenn im vorigen Abschnitt die im wesentlichen gleichförmige Bahnbewegung aus Vorschub- und Bremskräften für die geplante Bahnführung behandelt wurde, so müssen nun die mehr oder weniger freien Schwingungsbewegungen erläutert werden. Die Papierbahn bringt von sich aus die Voraussetzungen eines schwingungsfähigen Systems mit: ihr »Flächengewicht« wirkt als Masse und den in allen Richtungen gegebenen Freiheitsgraden sind unterschiedliche Federkonstanten beizuordnen. In Bahnrichtung wirkt die im Zugversuch bestimmte Längselastizität, quer zur Bahnebene die Biegesteifigkeit. Bei genauerer Untersuchung sind z. B. die Dämpfung durch Luftgrenzschichten und der Einfluß von Maschinenteilen zu beachten, die an den Schwingungsvorgängen mitwirken. Solche Schwingungen werden nicht nur durch Betriebsschwankungen angeregt, sondern können auch als erzwungene Schwingungen aufrecht erhalten werden: die Riffelwalzen von Wellpappmaschinen, stoßweiser Vorzug an Querschneidern und Perforiereinrichtungen kommen in Frage, wechselnde Ablösung von Trockenzylindern und anderes mehr. Von technologischer Bedeutung werden diese Vorgänge durch die Schwingungszugkräfte, die immer zu Maßunterschieden entsprechend den Schwingungsdehnungen führen und schließlich die Zerreißgrenze des Materials erreichen können. Im übrigen wird die Bahnführung auch durch diese pulsierende Kräfte und Bewegungen störend betroffen.

1. Schwingungsverhalten der stehenden Bahn

Einen ersten Überblick über die Schwingungseigenschaften der Papierbahn geben Berechnung und Beobachtung der Eigenschwingung bei Maschinenstillstand [11]. Physikalisch kann man von der Gleichung für die schwingende Saite ausgehen; Abb. 17 erläutert deren Rechengrößen, wobei auf die Maßeinheiten besonders zu achten ist. Die Frequenz der Grundschwingung ist

$$f = \frac{1}{2 \cdot 1} \sqrt{\frac{\sigma}{\varrho}} \qquad (1/\mathrm{sec}),$$

wobei die Bahnspannung

$$\sigma = \frac{9{,}8 \cdot \text{Bahnkraft}}{\text{Dicke} \cdot \text{Breite}} \qquad \left(\frac{\mathrm{m} \cdot \mathrm{kg}}{\mathrm{sec}^2 \cdot \mathrm{m}^2}\right)$$

und Raumgewicht des Papiers ϱ $(\mathrm{kg/m^3})$ ist.

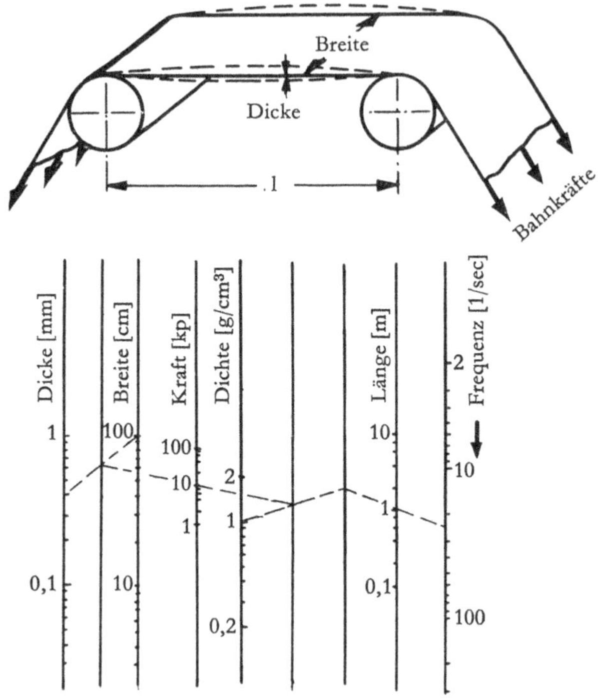

Abb. 17 Nomogramm für die Kenngrößen der Bahnschwingung

Ganzzahlige Vielfache der so berechneten Eigenfrequenz ergeben entsprechende Oberschwingungen. Zur überschlägigen Berechnung mag das in Abb. 17 beigegebene Nomogramm dienen. Ein Anwendungsbeispiel ist gestrichelt eingezeichnet. Der Vorteil solcher Darstellungen ist auch in der schnellen Klärung des Einflusses von verschiedenen Kenngrößen, z. B. der Bahnspannung, zu suchen. Die Papiersteifigkeit ist hierbei nicht berücksichtigt worden, sie erhöht die Eigenfrequenz. Die in die Rechnung einzusetzenden Zahlenwerte für Länge und Raumgewicht der Papierbahn stehen ohne weiteres zur Verfügung; auf die Bahnspannung kann aus dem Durchhang geschlossen werden und zwar am einfachsten auf Grund eines Vorversuches mit Spanngewichten an einem Bahnabriß.
Eine experimentelle Überprüfung und Erweiterung der Frequenzberechnung ist durch die Aufnahme von Resonanzkurven (Abb. 18) möglich. Hierbei wird die Papierbahn z. B. durch eine mit veränderlicher Drehzahl umlaufende Welle mit Längswulst taktweise angeschlagen und die sich jeweils einstellende Schwingungsweite, etwa in Bahnmitte, optisch gemessen. Die Differenz zwischen berechneter Eigenfrequenz und gemessener Resonanzfrequenz weist auf Fehler in den Rechenvoraussetzungen (Steifigkeit, nichtwaagerechte Bahn u. a.) hin. Die Unschärfe der Resonanz geht auf Dämpfung im Material und durch die Luft zurück. Die Anregung von Oberschwingungen bereitet wegen des Einflusses von Querschwingungen über die Bahnbreite Schwierigkeiten. Andererseits kann durch Schwin-

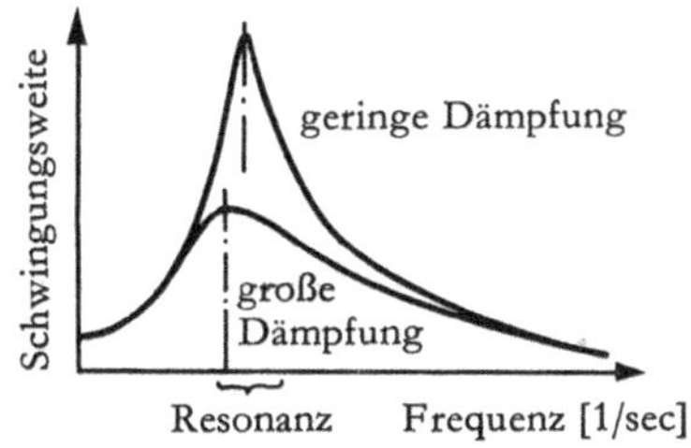

Abb. 18 Resonanzkurve

gungsanregung an bestimmtem Meßpunkt, nicht an einer Geraden quer über die Bahn, ein Vergleich der Schwingungsformen verschiedener Papierbahnen nützlich sein. Leicht zu erfassen sind im Schattenbild die Bewegungen der Bahnränder, die ja als Stellen extremer Spannungsverhältnisse meist auch besonderes Interesse beanspruchen.

2. Schwingungsbild bei überlagerter gleichförmiger Bewegung

Neben den bei Resonanzschwingungen drohenden Bahnkräften sind bei laufender Bahn die mehr oder weniger erheblichen Rückführungskräfte der schwingenden Bahn vor der folgenden Umlenkwalze oder Aufrollung zu beachten. Zur Erläuterung zeigt Abb. 19, wie die Eigenschwingung der Bahn von der Maschinenbewegung mitgenommen wird und somit an der Auflauflinie pendelnde Beschleunigungskräfte entstehen. Ihre Maximalwerte lassen sich nach dem physi-

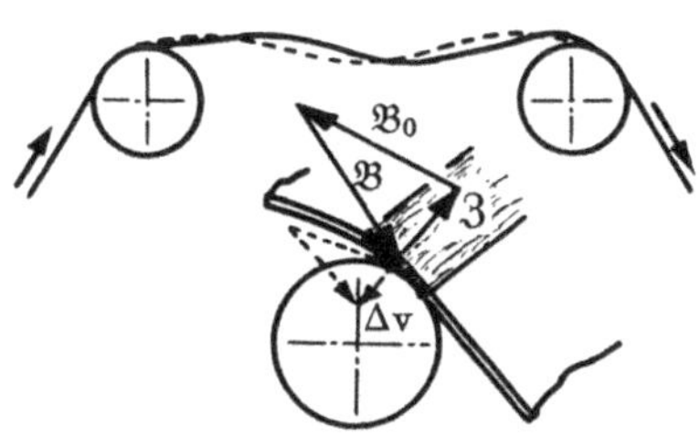

Abb. 19 Auflaufende Schwingung

kalischen Gesetz »Kraft = Masse × Beschleunigung« abschätzen: Die Masse des erfaßten Bahnbereiches und deren Beschleunigung sind in der skizzierten Weise zu finden. Die gegen die Beschleunigungseinrichtung wirkende Kraft auf die Papierbahn ist als Krafteck in die Bahnrichtungen zu zerlegen. Die Überschlagsrechnungen sollen nur die Gefahr verdeutlichen. Die effektiven Spannungswerte schwanken durch viele Spannungs- und Bewegungsregelmäßigkeiten statistisch um den Mittelwert. Es wird das Anliegen des Konstrukteurs und Maschinenführers sein, solche Pendelungen durch zusätzliche Leitrollen und Leitbleche klein zu halten.

Außer den Bahnkräften in der Papierfläche ist für den Papiervorschub die Reibung an den Walzen wichtig, die im Fall des pendelnden Auflaufens nicht nur selbst um einen Mittelwert pendelt, sondern auch diesen Mittelwert verändert. Die satte Umschlingung kommt nicht zustande, unter dem Papier fängt ein Luftkissen die zurückschlagende Bahn auf. Der dann gültige Reibungskoeffizient liegt weit unter dem Wert der Ruhereibung und gilt sowohl für die Mitnahme in Drehrichtung wie auch für den seitlichen Halt gegenüber dem Auswandern der Bahn in axialer Richtung.

Die bereits verschiedentlich erwähnte Bedeutung der Luft in Bahnnähe ist schließlich auch für die Rollenhärte beim Aufrollen zu beachten. Vor allem hohe Bahngeschwindigkeiten und rauhe Papieroberflächen veranlassen ein Mitreißen von Luft zwischen die Rollenlagen. Man kann durch einen Abstreifer einen Teil dieser Luftmenge von dem Spalt zwischen Bahn und Rolle ablenken und erzielt dann bei sonst gleichen Arbeitsbedingungen Rollen größerer Härte.

3. Stoßwellen

Die besonderen Gefahren, die der Papierbahn durch stoßartige Belastungen drohen, veranlaßten seit langem grundsätzliche Versuche [12]. Diesen lagen theoretische Ansätze für die Stoßfortpflanzungsgeschwindigkeit in Papier zugrunde. Diese sei $c = k/\varrho$ (m/sec),
wobei

k = Elastizitätsmodul (kg/m · sec²)

ϱ = spez. Dichte (kg/m³)

Die Elastizitätskonstante kann aus der Anfangssteigerung des Zerreißdiagramms (Abb. 20) berechnet werden: für eine bestimmte Last P (ausgedrückt in kg muß sie mit der Erdbeschleunigung $g = 9{,}81$ m/sec² multipliziert werden) auf einen Papierquerschnitt Q = Breite × Dicke der Bahn (m²) ergibt sich für die Länge L (m) eine Dehnung d (m), so daß $k = 9{,}81 \cdot P \cdot L/Q \cdot d$ (kg/m · sec²). Papiere haben Schlagfortpflanzungsgeschwindigkeiten von etwas mehr als 1000 m/sec, das ergibt für 1 m Bahnlänge Laufzeiten unter 1 Millisekunde. Innerhalb dieser sehr kurzen Zeit kommt ein Bahnriß noch nicht zustande. Daher addieren sich die am Bahnende reflektierten Stoßwellen noch zur ersten Stoßwelle als Belastung hinzu. Um solche Vorgänge unter definierten Bedingungen zu messen, wurden Impuls-

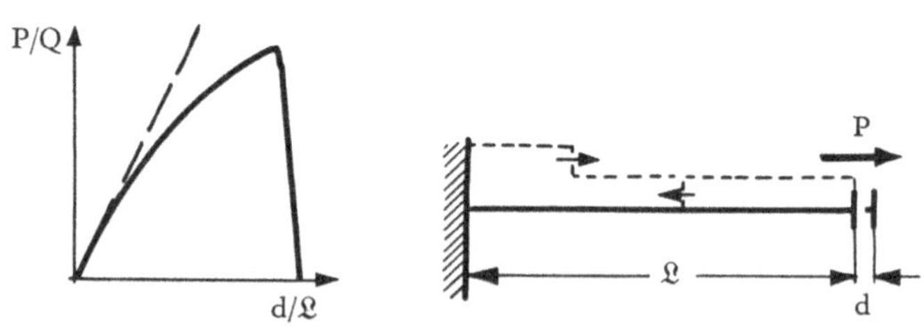

Abb. 20 Stoßfortpflanzung in Papierstreifen

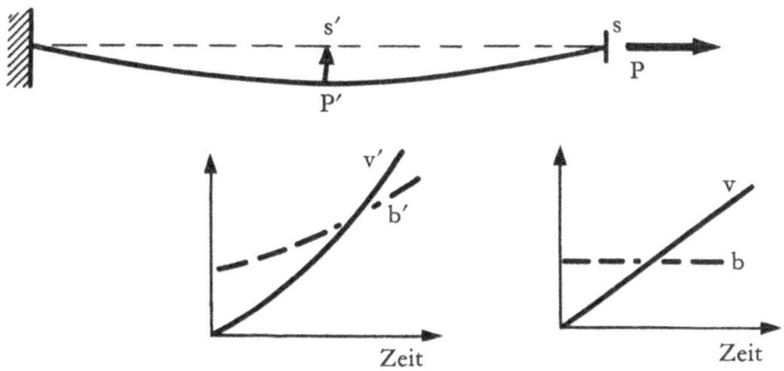

Abb. 21 Querbeschleunigung als Folge eines Längsstoßes

prüfgeräte gebaut mit Dehnungsgeschwindigkeiten von 5 bis 20 m/sec. Die Ergebnisse scheinen für stoßartige Zugbeanspruchungen laufender Papierbahnen noch insofern zu modifizieren sein, als die Zugkräfte nicht nur unmittelbar gefährlich sind, sondern auch durch die Beschleunigungskräfte, die senkrecht zur Bahnebene erzwungen werden (Abb. 21). Der Durchhang wird durch den Längszug in verstärktem Beschleunigungsmaß verringert. Ohne Berücksichtigung der Dehnung kann man diesen Zusammenhang zeichnerisch ermitteln. Nach Blitzlichtaufnahmen (Abb. 22) wird danach auch ohne Berücksichtigung der oben erwähnten Reflexionswirkung verständlich, daß ein einmaliger Stoß die Probe an mehreren Stellen zerreißen kann. Es wurde dann neben der Grundschwingung auch noch eine transversale Oberschwingung angeregt. Unter diesem Gesichts-

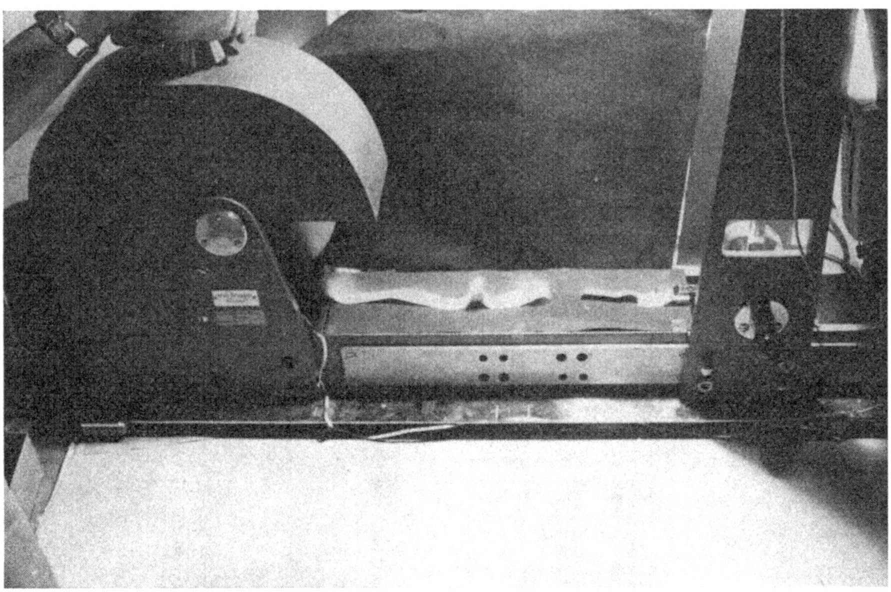

Abb. 22 Mehrfachriß im Schlagzerreißgerät (1/1000 sec)

punkt kommen den Bemühungen, durch Luftanströmung eine Bahndämpfung zu schaffen, besondere Bedeutung zu. Stoßweise Belastungen sind nicht nur gelegentlich seltener Arbeitsumstände (z. B. Hängenbleiben der Abrollung) zu erwarten, sondern auch als regelmäßig wiederholte Belastungsart (z. B. Abriß von Perforierstellen [13]) oder als Folge von Flatterbewegungen [14].

IV. Planung von Betriebsmeßanlagen

Die Frage nach Kräfteverteilung und Bewegungsvorgängen an einer laufenden Papierbahn bemüht sich um das Verständnis von Betriebsbedingungen. Auch wenn daraus zuletzt Konstruktionsunterlagen erstrebt werden, so muß am Beginn die meßtechnische Erfassung von Betriebsdaten stehen. Dabei hat die vorangegangene theoretische Besprechung die Aufgabe, bei der Planung der Meßanlage auf die wesentlichen Meßstellen hinzuweisen. Diese gruppieren sich zu solchen, die den Zustand der Bahn selbst betreffen, und andere, die zur Maschineneinstellung [15] gehören. Man kann etwa folgende Vorschläge machen:

1. Maschineneinstellung

Da ein wesentlicher Teil der Verarbeitungsbedingungen von Maschinenwerten abhängt, die nicht ohne weiteres zu erkennen sind, muß deren zuverlässige Anzeige angestrebt werden. Die *Drehzahl* und die Walzenumfangsgeschwindigkeiten werden sowohl als Maß für die Produktionsgeschwindigkeit, als auch in ihrem Verlauf über die Maschine hin benötigt zur Anpassung an Materialänderungen (z. B. Schrumpfung) und zur speziellen Einwirkung (z. B. Materialreckung). *Abstände* und Ausrichtung sind nicht so einfach anzugeben, wie es etwa nach der Montagezeichnung erscheinen mag. Einerseits ist die erste Justierung insbesondere bei Maschinen mit geteilten Maschinenständern nicht ohne weiteres gesichert und andererseits bringt das Lagerspiel durch Bewegungs- und Preßkräfte Änderungen mit sich, die für die Papierbahn wesentlich sind. Schließlich sind z. B. Achsnachstellungen vorhanden, deren genaue Position in der Regel nur unzulänglich erkennbar ist. Die *Energiequellen* lassen sich durch übliche Messungen erfassen: elektrische Antriebsleistung, Heizleistung, Luftdruck, Kühlung usw. In einigen Fällen, wie z. B. für Backenbremsen, muß die Meßmöglichkeit bereits bei der Maschinenkonstruktion vorgesehen werden, z. B. durch einen Einbauplatz für einen Drehmomentgeber. In der Regel ist ein nachträglicher Geräteeinbau dagegen einwandfrei möglich, wenn physikalisch-meßtechnische Gesichtspunkte berücksichtigt werden, z. B. der Druckabfall zwischen Manometer und Ausströmöffnung bei einer Luftbürste oder einer Luftkissenführung. Solche Unterschiede zwischen gewünschter Meßgröße und Meßwertanzeige erschweren die vielfach notwendige Regelung um so mehr, wenn noch durch Totzeiten die Schwankungsbreite der Maschineneinstellung vergrößert wird.

2. Papierzustandsgrößen

Die Beschränkung auf die Messung der Maschineneinstellung wäre nur dann zulässig, wenn gleiche Einstellwerte gleiche Produktionsergebnisse brächten. Da wir aber sowohl wechselnde Verarbeitungsvorschriften zu befolgen haben, als auch mit unterschiedlichen Rohstoffen rechnen müssen, so ist auch die Erfassung der Papierzustandsgrößen erforderlich. Von ihnen wird man zu den Gebrauchseigenschaften hingeführt, und zwar gründlicher als es genormte Papierprüfverfahren gestatten. Das hängt damit zusammen, daß die Betriebsmeßtechnik Zustandsgrößen wie Abmessungen, mechanische Kräfte, Temperatur, Feuchtigkeit usw. nicht als feste Werte mittelt, sondern deren räumliche und zeitliche Variationen beachtet.

Ehe meßtechnische Möglichkeiten im einzelnen dargestellt werden, können noch gerätetechnische Anforderungen allgemeiner Art genannt werden, die Auswahl und Einbau der Meßfühler beeinflussen. Die Geräteindustrie kann dank langer Erfahrung und Entwicklungsarbeit auf ein reiches Angebot hinweisen. Dennoch ist zu beachten, daß die speziellen Erfahrungen der Papiertechnik auf diesem Gebiet noch jung sind und nicht immer die hier zutage tretenden Schwierigkeiten berücksichtigt werden. Dies macht sich weniger im Meßbereich, in Anzeigegenauigkeit und Ausschlagsempfindlichkeit bemerkbar, als – physikalisch gesprochen – in der Energiebilanz der Meßvorgänge: Sehr häufig kann dem Meßfühler nur wenig Energie zur Messung zugeführt werden, und umgekehrt muß man eine Rückbeeinflussung des zu messenden Zustands durch den Meßfühler befürchten. Wenn etwa die Oberflächentemperatur mit einem Thermoelement bestimmt werden soll, das als schleifendes Band die Papierbahn berührt, so ist denkbar, daß Wärmekapazität und Wärmeleitung des Papiers nicht ausreichen, dessen Temperatur hinreichend genau dem Thermoelement mitzuteilen, zumal die Wärmeableitung seiner elektrischen Anschlußleitungen entgegenwirkt. Andererseits könnte auch der Fall eintreten, daß wegen der Reibung zwischen dem Thermoelement und dem Papier eine zu hohe Temperatur angezeigt wird, das Meßglied also selbst eine Meßwertverfälschung hervorruft. Ähnliches gilt für die Messung schneller Anlaufvorgänge und Meßwertwechsel, so daß schließlich sonst zweckmäßige Meßverfahren sich ausschließen und den Umweg über andere physikalische Eigenschaften erzwingen.

3. Einbaurichtlinien

Die Planung der Betriebsmeßanlage hat zu entscheiden, welche Maschineneinstellungen und Papierzustandsgrößen für den Verarbeitungsvorgang solche Bedeutung haben, daß sie laufend gemessen werden sollen. Man kann von einer Aufzählung der Verarbeitungsstufen ausgehen, die etwa einer Maschinenskizze beigefügt wird (Abb. 23). In der Regel wird man hierbei auf eine zu große Anzahl von Meßgeräten kommen. Selbst wenn die Auswertung des anfallenden Zahlenmaterials für möglich gehalten würde, überschreiten Anschaffungs- und Be-

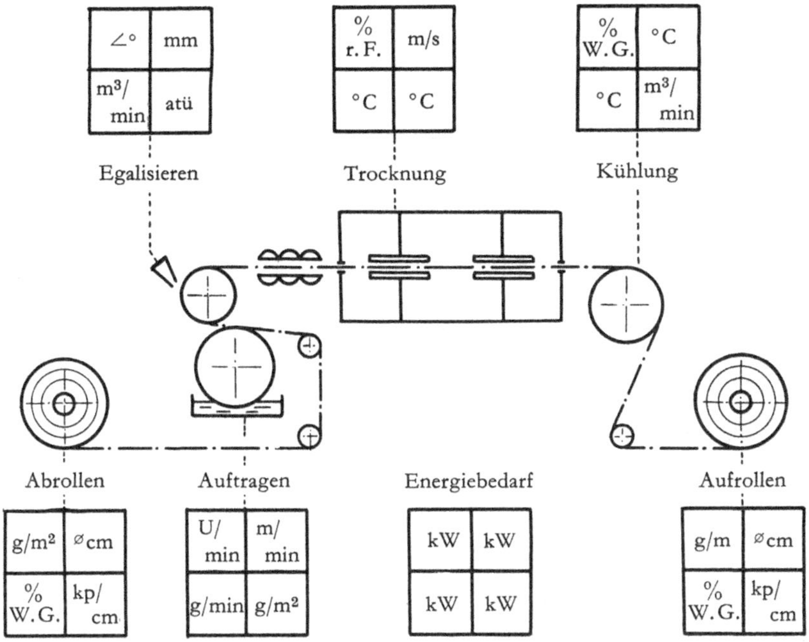

Abb. 23 Zuordnung der Meßgeräte im Maschinenschema

treuungskosten jedes vernünftige Maß. Die Einschränkung der Meßstellenzahl kann durch Klärung der Ursachen von Reklamationen am Fertigprodukt gelingen. Wenn beispielsweise unzureichendes Flachliegen der kaschierten Papierbogen beanstandet wird und man die Ursache im falschen Feuchtigkeitsgehalt des Papiers vor der Kaschierung sucht, dann müßte diese Größe erfaßt werden. Andererseits kann auch schon beim Beschichtungsbetrieb das Einrollen der Bahn im Trockenkanal stören und man nimmt als Ursache falsche Temperaturen ober- und unterhalb der Bahn an, dann sind diese beiden zu messen. Diese Beispiele weisen darauf hin, daß zur richtigen Planung der Meßanlage eine sehr genaue Kenntnis des technischen Vorgangs gehört, ja daß sogar ein falsches Verständnis zu einem falschen Meßbild führen muß. Diese Bedenken soll man durch vorläufige Erprobung mit verschiedenen Meßplänen und auswechselbaren Geräten allmählich überwinden, ehe man den endgültigen technisch einwandfreien Einbau vornimmt.

Mechanischer Schutz, Zugänglichkeit für Störbeseitigung, notfalls Auswechselbarkeit von gestörten Teilen der Meßanlage sind Forderungen, deren praktische Bedeutung ohne weiteres klar ist. Dagegen setzt die Ausschaltung von Störeinflüssen eine genauere Kenntnis des Meßprinzips und des Geräteaufbaus voraus. Beispielsweise müssen die meisten Meßfühler für Feuchtigkeit und Temperatur gegen Raumtemperaturschwankungen isoliert sein. Der Einbau von Dehnmeßstreifen verlangt ebenfalls Berücksichtigung der Klimabedingungen. Flächengewichtsbestimmungen können durch welchselnden Bahnabstand gestört werden.

Es kann daher bei betriebsmeßtechnischen Aufgaben vorkommen, daß die Meßprinzipwahl von den möglichen Einbaubedingungen beeinflußt wird; der umgekehrte Weg, nämlich Betriebsbedingungen den Meßverfahren unterzuordnen, würde dem Grundsatz widersprechen, daß Meßanlagen vor allem den normalen Betriebsablauf nicht beeinträchtigen dürfen. Im folgenden wird versucht, die in Frage kommenden Meßverfahren unter dem Gesichtspunkt des Einbaus in Papierverarbeitungsmaschinen zu kennzeichnen.

V. Messung der Bahnspannung

1. Walzenmessung

Bei den bekanntgewordenen Bahnzugmeßgeräten wird entweder die gesamte Bahnbreite durch eine Pendel- oder Tänzerwalze geprüft oder mit schmalen Rollen mehrere nebeneinander liegende Stellen der Bahn abgetastet. Pendelwalzen haben bisweilen ein so großes Massenträgheitsmoment, daß sie zusammen mit der Rückstellkraft der Bahn störende Eigenschwingungen anregen. Tänzerwalzen, wie die in Abb. 24 skizzierte, können durch harte Lagerfederung und gute Dämpfung leichter fehlerarm sein. Allerdings erfordern Meßwalzen und Tastrollen mit weg-

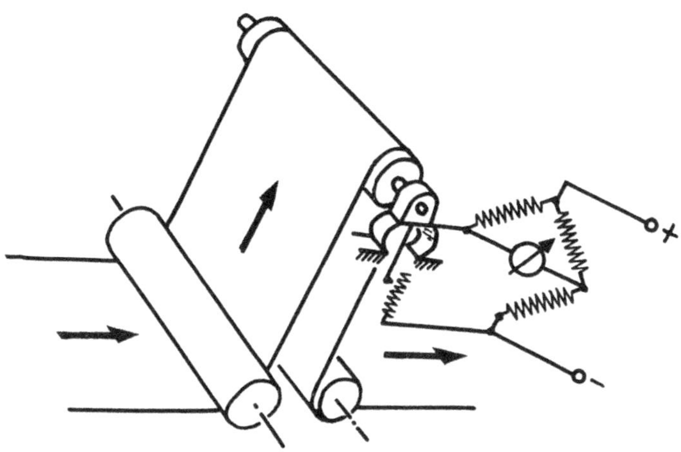

Abb. 24 Prinzipbild einer Tänzerwalze mit Widerstandsabgriff

armer Kraftmessung elektrische Fühler in Form von ohmschem, induktivem oder kapazitivem Abgriff, Dehnmeßstreifen oder optischen Zwischengliedern. Alle diese Wege sind vielfach erprobt [17] und bieten den Vorteil, Anzeige, Registrierung und Regelung mit üblichen Bauteilen zu gestatten. Die Anschaffungs- und Wartungskosten müssen bei der Planung berücksichtigt werden. Oft wird das einfachste Betriebsmeßgerät die Vorstufe einer ausgereiften Meßanlage bilden. Einige Beispiele von Gerätetypen seien genannt:

Zugspannungsmesser nach Jörg (Papierfabrik Wörschweiler, Saar), früher Bauart Frank, Weinheim: mechanischer Abgriff.

Textechno-Bahnspannungsmesser (Fa. Herbert Stein, Mönchengladbach): Tänzerwalze mit beidseitigem ohmschem Abgriff.

Siemens-Tensiometer: induktiver Abgriff über Drehtransformator mit spiralfedergelagertem Magnetanker.

Springdale-Tensiometer: induktiver Abgriff über Drehtransformator, Blattfeder für Tastrolle.

DMS-Tensiometer ohne Laufrolle, mit Schleiffeder und Dehnmeßstreifengeber.

Als Meßbeispiel gibt die Kurve in Abb. 25 die Bahnspannung in einer Wachsmaschine an. Alle Zugspannungen sind an der Meßstelle auf Brems- und Rollenschwankungen zurückzuführen gewesen. Bei sehr langsamem Lauf ist die Bremsung wechselnd. Bei 20 m/min und geringer Bremsung treten erhebliche prozentuale Zugschwankungen auf. Soweit eine bestimmte Frequenz zu erkennen ist, kommen Papierrollenfehler in Frage oder eine unsymmetrische Rollenhalterung. Lastspitzen und unregelmäßige Änderungen des Bahnzugs sind eher durch die

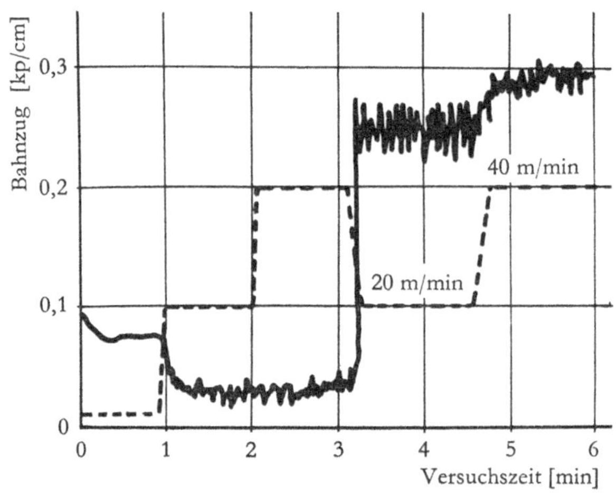

Abb. 25 Bahnzug einer Versuchswachsmaschine bei wechselnder Bahngeschwindigkeit
0–3 min: schwache Abrollbremsung
3–6 min: starke Abrollbremsung

Bremsart hervorgerufen. Die Steigerung der Geschwindigkeit auf 40 m/min wirkt sich bei schwacher Bremsung wenig aus. Dagegen ist bei starker Bremsung, wie sie im Beispiel anschließend eingestellt wurde, ein Hervortreten der Bremswechsel festzustellen, die sich bei 20 m/min deutlicher zeigen als bei 40 m/min; zahlenmäßig lautet das Ergebnis der Messung etwa:

20 m/min: mittlerer Zug 0,25 kp/cm + 10%
40 m/min: mittlerer Zug 0,29 kp/cm + 4%

2. Taster mit Dehnstreifen

Wenn man ein möglichst verzögerungsfreies, unbeeinflußtes Bild des Spannungsfeldes in einer Papierbahn zwischen zwei Auflagewalzen gewinnen will, so wird man die mechanische Abtastung durch elastische Fühler erproben. Deren Ausfederung kann man auch bei höheren Schwingungsfrequenzen gut mittels Dehnstreifen feststellen. Die Federform und die Klebestelle des Dehnstreifens sind sorgfältig zu planen. Die größte Empfindlichkeit ergibt sich bei sonst gleichen Verhältnissen bei Befestigung des Dehnstreifens nahe der Federhalterung, wo das

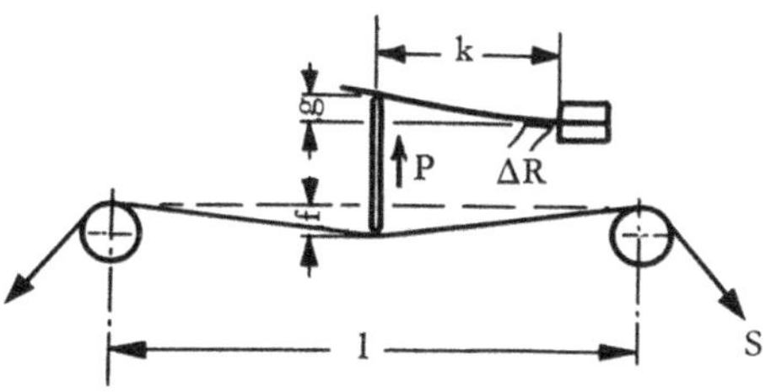

$$\Delta R = K \cdot \frac{d}{2} \cdot \frac{P \cdot k}{J}$$

$$\left.\begin{aligned} g &= \frac{P \cdot k^3}{3 \cdot E \cdot J} \\ f &= \frac{P \cdot l}{4 \cdot S} \end{aligned}\right\} J = \frac{b \cdot d^3}{12}$$

$$\frac{4 \cdot f \cdot S}{l} = P = \frac{3 \cdot g \cdot E \cdot J}{k^3}$$

$$\Delta R = K \frac{24 \cdot f \cdot k}{l \cdot b \cdot d^2} \cdot \Delta S$$

Abb. 26 Näherungsberechnung der Dehnstreifen – Bahnspannungsmessung

Biegemoment, die Krümmung und daher die Dehnung des Streifens am größten sind. Im einzelnen lassen sich die Kräfte und Durchbiegungen näherungsweise berechnen (Abb. 26). Als Ergebnis findet man für die Widerstandsänderung des Dehnstreifens:

$$R = K \cdot \frac{24}{d^2} \cdot \frac{f}{l} \cdot \frac{k}{b} \cdot S \tag{1}$$

wobei

K =	Dehnstreifenkonstante (bei bestimmtem Federmaterial)	$\mathrm{Ohm}\,\frac{\mathrm{kp}}{\mathrm{cm}^2}$
f =	Durchhang der Bahn zwischen 2 Walzen	cm
l =	Abstand der beiden Walzen	cm
k =	Federlänge des Tasters	cm
b =	Federbreite des Tasters	cm
d =	Federdicke des Tasters	cm
S =	Bahnzugänderung	kp

Die Federdicke d wird möglichst klein gehalten, aber noch so, daß durch den aufgeklebten Dehnstreifen dort keine zu wesentliche Versteifung des Tasters eintritt. Die minimale Federbreite wird meist durch die Dehnstreifenbreite gegeben sein. Die Federlänge soll so groß sein, daß noch ein stabiler Betrieb erreicht wird.

Der Bahndurchhang *f* ist an sich durch Flächengewicht, Walzenabstand *l* und Bahnzug *S* gegeben. Er wird erhöht durch die Federkraft des Fühlers. Für die Umrechnung des Bahnzugs aus dem Dehnstreifenwiderstand ist das tatsächliche Verhältnis von *f*/*l* wesentlich als Ausdruck für das Kräfteparallelogramm an der Berührungsstelle des Fühlers mit der Bahn.
Als Eigenart der Messung ist anzusehen, daß nicht der Bahnzug selbst, sondern seine Änderung durch die Widerstandsänderung angegeben wird. Man wird also zum Versuchsbeginn bei anliegendem Taster eine bekannte Bahnspannung herstellen und den dazugehörigen Widerstandswert als Nullpunkt benutzen.
Eine weitere Meßschwierigkeit ergibt die gleichzeitige Abtastung des Bahnabschnitts zwischen 2 Walzen durch mehrere Fühler, um die Spannungsverteilung in dieser Fläche festzustellen. Die Durchhangwerte *f* und die Bezugslängen *l*

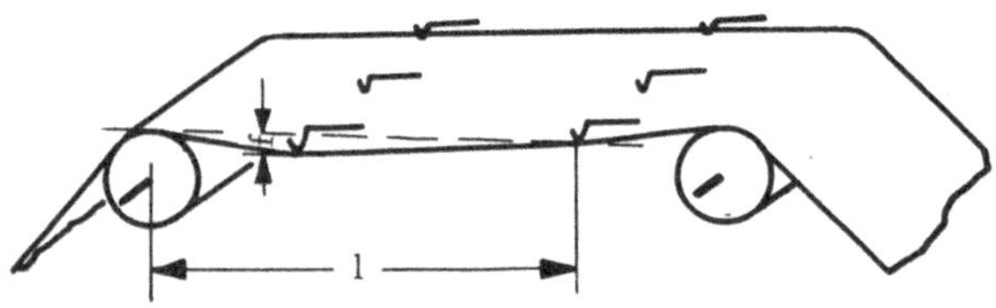

Abb. 27 Spannungsfeld – Abtastung

müßten dann zwischen den vorhergehenden und nachfolgenden Auflagestellen angegeben werden (Abb. 27). Die bisher befolgte Näherungsrechnung reicht nicht mehr aus, wenn die Nachgiebigkeit der Tastfedern diese Auflagestellen ständig in verschiedene Höhen bringt. Außerdem könnte die Schwingungsform der Bahn durch die Tasterdrücke beeinflußt werden. Dazu gehen die wechselnden Unebenheiten der Bahn in das Ergebnis so ein, daß eigentlich sicher nur die jeweils am stärksten gespannte Bahnstelle gemessen wird, während die übrigen Taster nur qualitative Hinweise geben können.

VI. Messung der Bahndehnung

1. Mittlere Längsdehnung

Die Differenzmessung der Bahngeschwindigkeit an verschiedenen Stellen (ähnlich einer Schlupfmessung zwischen Papierbahn und Walzen) gibt bei entsprechend hoher Meßgenauigkeit die Längsdehnung. Prinzip und Schwierigkeiten sind am deutlichsten bei den optischen Zählwerken für die Umdrehungen von 2 Tastrollen zu zeigen (Abb. 28): Nach einer bestimmten Meßzeit t wird die Impuls-

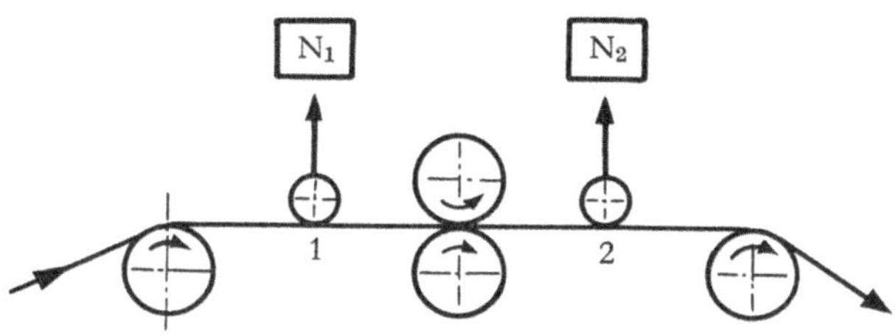

Abb. 28 Dehnungsmessung auf Grund der Geschwindigkeitsdifferenz

zahl N_1 bzw. N_2 an den Meßstellen 1 und 2 abgelesen. Für einen Tastradumfang u und eine Impulszahl i je Umdrehung ergeben sich die beiden Bahngeschwindigkeiten

$$v_1 = \frac{N_1 \cdot u}{i \cdot t} \text{ m/sec}, \qquad v_2 = \frac{N_2 \cdot u}{i \cdot t} \text{ m/sec} \tag{2}$$

Wenn etwa am Meßpunkt 2 mehr Meter je Sekunde festgestellt werden als bei 1, so ist diese »Geschwindigkeitsdifferenz« $\Delta v = v_2 - v_1$ als eine Längsdehnung von

$$\delta = \frac{\Delta v}{v_1} \cdot 100\% \tag{3}$$

zu deuten. Tastrollen mit optischen Zählwerken, also z. B. Lochblenden, die den Lichtstrom auf eine Photozelle abblenden und durchlassen, haben den entscheidenden Vorteil geringster Eigenreibung. Wird der Tastradumfang noch mit Gummi belegt, dann können auch feinere Geschwindigkeitsänderungen ohne Rückwirkung auf die Bahn abgenommen werden. Die Impulsabgabe und elektronische Impulszählung gelingt fehlerfrei, sie kann aber keine kontinuierliche Anzeige bieten. Die Genauigkeit der über die Meßzeit gemittelten Werte ist um so schlechter, je kürzer die Meßperiode gewählt wird. Immerhin kann man mit

elektronischen Mitteln wenigstens das jeweilige Optimum einhalten und mit einer trägen Mittelwertanzeige den Eindruck einer kontinuierlichen Messung aufrechthalten. Eine hohe Impulszahl *i* je Umdrehung erleichtert dieses Ziel.
Der gleiche Meßgedanke liegt einer einfachen Meßanordnung zugrunde, bei der zwei oder mehr Druckrollen z. B. auf den Bahnrand Marken mit gleichem Abstand aufdrucken. Diese Marken können auch als Linienraster gezeichnet sein und dann bequem miteinander verglichen werden. Hat das Papier an der 2. Meßstelle beim Bedrucken eine größere Dehnung als an der ersten, so wird nach Entspannung die Rasterteilung der zweiten Druckstelle feiner als die der ersten. Schließlich kann auch ein schnellaufender Synchronmotor (z. B. 50 Umdr./sec) durch Zeitmarkendruck die Bahngeschwindigkeit markieren und es ist wieder nur eine Frage der Druckbildschärfe, mit welcher Genauigkeit Geschwindigkeitsunterschiede und damit Bahndehnungen nachträglich festgestellt werden können.

2. Querkontraktion

Als Hinweis auf Bahnzustände, die eine Verschmälerung der Bahn bedeuten, können fast nur die optische oder pneumatische Abtastung der Bahnkanten dienen. Ob die Differenz der beiden Kantenlagen infolge tatsächlicher Schneidfehler [18] oder durch Längswellen, Querdurchhang oder andere Ursachen schwankt, ist erst aus der gleichzeitigen Beurteilung der Bahnebenheit zu folgern. Die Genauigkeit der Kantenmessung kann dem Meßprinzip nach sehr weit getrieben werden, Fehler sind durch Abstandsänderungen der Meßebene möglich. Beispielsweise kann die Photozellenabtastung durch eine optische Abbildung der Kante fast beliebig gesteigert werden, unter der Voraussetzung, daß die Kante im richtigen Objektabstand bleibt.
Eine bleibende Markierung aller seitlichen Bewegungen und Maßänderungen kann durch Rand-Drucklinien erzielt werden. Man wird diesen Weg immer gehen, wenn bereits die Längsdehnung durch Druckmarken überwacht wird.

3. Unebenheiten

Die Abtastung der Papierbahn gibt, wie bereits gesagt, nicht nur Hinweise auf die Spannungsverteilung, sondern auch auf Unebenheiten. Gerade diese Kopplung ist meßtechnisch unerwünscht und man wird eher auf optischem Weg die geometrische Gestalt der Bahn feststellen. Am einfachsten erschien bisher die Durchhangmessung mit der Photozelle, sehr ähnlich der Kantenabtastung. Will man dagegen nicht nur einen einzigen, etwa willkürlich gewählten Meßpunkt verfolgen, so bewährte sich die Beobachtung von Rasterschatten [19].
Das Prinzip ist in Abb. 29 angegeben: ungefähr parallel zur Papierbahn trägt ein Spannrahmen parallel straff gespannte Stahldrähte. Diese Anordnung wird möglichst schräg durch eine entfernte, punktförmige Lichtquelle beschienen. Wenn

Abb. 29 Drahtschattenbild von Unebenheiten der Papierbahn zwischen 2 Umlenkwalzen

von der laufenden Bahn Aufnahmen gemacht werden sollen, benutzt man ein Elektronenblitzgerät. Die Schatten der Drähte auf der Papierbahn werden entweder zur betrieblichen Überwachung beobachtet, projiziert oder photographiert. Zur vollen Ausnutzung der Meßempfindlichkeit sollte die Photographiereinrichtung etwa senkrecht zum Lichteinfall stehen. Allerdings kann die notwendige Tiefenschärfe für den erfaßten Bahnbereich und der Wunsch, jede perspektivische Verzerrung zu meiden, dazu führen, daß man die Objektivachse lieber senkrecht auf die Bahnebene richtet.

Im einzelnen kann durch die Wahl der Drahtanordnung das jeweils Wichtigste hervorgehoben werden. Quer zur Bahn sind schaukelnde Kippbewegungen festzustellen. In Längsrichtung ist die Auflaufstelle an Walzen- und anderen Umlenkungen wichtig. Nur bei ausgeprägten schnellen Schwingungs- oder Arbeitsvorgängen (über 20/sec) kann es nützlich sein, die Lichtblitze so synchron aufeinander folgen zu lassen, daß eine ruhige stroboskopische Beobachtung gelingt [20]. Bisher ist in der Praxis die grundsätzliche Möglichkeit noch wenig genutzt, durch optische Abbildung den Bahnzustand auch von unzugänglichen Stellen (Trockenkanal, Falteinrichtungen usw.) an die Bedienungsstelle zu übertragen. Theoretische Grenzen sind hier nicht zu befürchten, aber Kosten und Wartungsschwierigkeiten können stören.

VII. Messung des Klimazustands

1. Umgebungsklima

Zur Beurteilung von Kräften und Bewegungen der Papierbahn gehört insofern auch die Messung des Klimazustands als die Papierfasern praktisch sofort mit Änderungen des Wassergehalts auch ihre Abmessungen ändern. Die in Abb. 28 skizzierte Geschwindigkeitsänderung könnte beispielsweise dadurch entstehen, daß im Bereich 1 eine andere Luftfeuchtigkeit herrscht als im Bereich 2 oder aber durch Wärmeeinstrahlung in einem dieser Bereiche eine verstärkte Wasserabgabe aus dem Papier verursacht wird.

Diese Beispiele weisen auf die Bedeutung des »Umgebungsklimas« der Bahn hin, das sich vom »Raumklima« erheblich unterscheiden kann. Je nach Maschinenkonstruktion (Blechabdeckungen, kompakte Bauweise, Kühlschürzen usw.) und Produktionsgeschwindigkeit können sich die Feuchtigkeits- und Temperaturverhältnisse infolge der gegebenen Zulieferungs- und Verarbeitungsdaten anders einstellen. Als Meßfühler kommen alle für Luftmessungen bewährten Typen in Betracht [21]. Als typisches Beispiel können die elektrolytischen Dampfdruck-

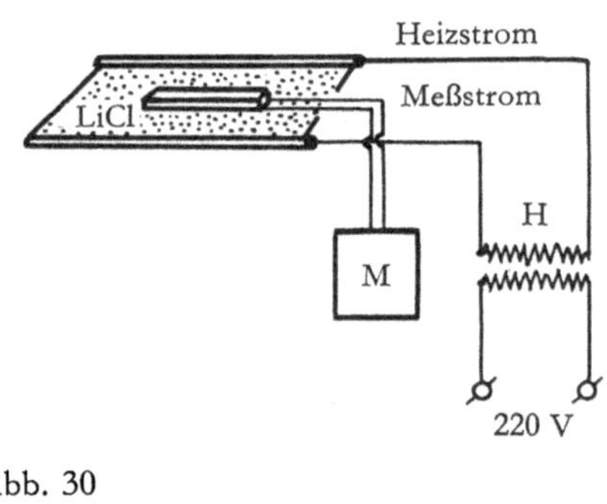

Abb. 30
Schema eines
Lithium-Chlorid-Feuchtigkeitsfühlers

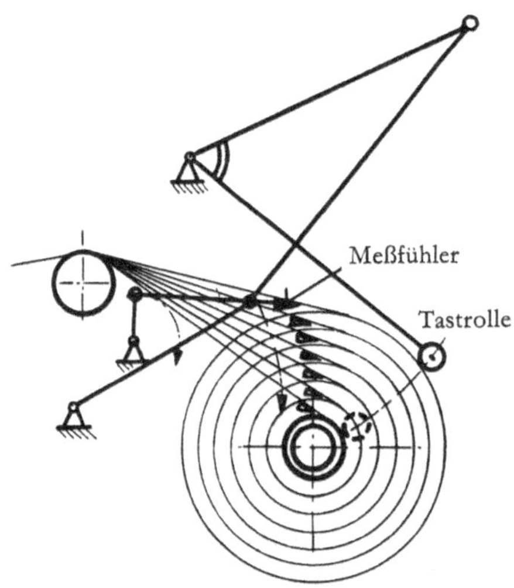

Abb. 31
Meßfühlerführung im Auflaufwinkel

elemente gelten, da deren geringe Wärme- und Feuchtigkeitskapazität als gute Grundlage einer physikalisch einwandfreien Messung genommen wird (Abb. 30): Die Fühler stellen sich schnell und ohne Rückwirkung auf wechselnde Klimabedingungen ein. Andererseits ist es immer schwierig, mechanisch empfindliche Gebilde gegen Beschädigungen und Störungen zu schützen. Die Gestaltung der Fühlerhalterungen und Abschirmungen kann in solchen Fällen die wichtigste technische Aufgabe darstellen. Abb. 31 skizziert schematisch als Beispiel die Befestigung eines Feuchtigkeits- und Temperaturfühlers in dem Winkel zwischen auflaufender Papierbahn und Aufrollung.

2. Bahntemperatur

Fast immer wird die Bahntemperatur nur mittelbar für die mechanischen Vorgänge wichtig sein, in der Regel kann sie sogar unbeachtet bleiben. Dennoch ist das Beispiel des Gesamtstrahlungspyrometers (z. B. ARDONOX, Fa. Siemens) als Betriebsmeßgerät nützlich, um an einem begrifflich einfacheren Fall, als es die anschließend zu behandelnde Feuchtigkeitsmessung ist, die Problematik der Bahnzustandsmessung zu erläutern.

Zunächst eine Energieabschätzung. Ein kontinuierlich registrierender Tintenschreiber benötigt etwa 10^{-2} Watt. Um diese Gleichstromleistung zu bieten, wird ein Photozellenverstärker eingesetzt, dessen Steuerbedarf 10^{-7} Watt ist. Dieser Verstärkungsgrad ist mit einer Einstellzeit von rund 3 sec verbunden. Der eigentliche Fühler enthält die Hintereinanderschaltung von mehr als 20 Thermoelementen. Bei einer Temperaturerhöhung des beobachteten Papiers von 20° C auf 150° C liegt die Erhöhung der Thermoelement-Temperatur in der Größenordnung von 0,1° C. Man erkennt, wie nahe man an der Grenze der physikalischen Meßmöglichkeiten ist und wie sehr Störeinflüsse ins Gewicht fallen würden.

In der Meßpraxis können dementsprechend die regeltechnischen Grundversuche mit Übergangsfunktionen bei wechselnden Störungen zweckmäßig sein. Beispielsweise kann der Abstand des Fühlers von der Bahn plötzlich geändert werden, oder die strahlende Fläche wird vorübergehend durch ein Blech mit bekannter Temperatur ersetzt, oder der Wechsel von feuchtem und trockenem Papier getestet, der Einfluß der Farbe, des Glanzes usw. in bezug auf den angezeigten Meßwert und die Einstellzeit untersucht. Die Einstellgeschwindigkeit ist auch insofern wichtig, als sie über die Möglichkeiten entscheidet, durch einen Querschlitten die Bahn in der ganzen Breite abzutasten.

Stichprobenweise sind Farbindikatoren und Schmelzkörper ohne besonderen Aufwand, jedoch mit einigem experimentellem Geschick, zur Messung der Bahntemperatur verwendbar [22].

3. Bahnfeuchtigkeit

Zur Messung des Wassergehaltes der laufenden Papierbahn sind sehr viele Wege eingeschlagen und mehr oder weniger weit verfolgt worden [23]. Den Meßprinzipien gemeinsam ist, daß sie von einer physikalischen Eigenschaft des im Papier adsorbierten Wassers ausgehen, die entweder für das Rohpapier bekannt ist oder in ihm eine untergeordnete Rolle spielt. Das erstere trifft für die Differenzmessung des Flächengewichts vor und nach dem Befeuchten zu, das letzte für die Messung der Dielektrizitätskonstanten. Man erkennt, daß ziemlich alle Eigenschaften herangezogen werden können und daß immer einschränkende Schwierigkeiten zu beachten sind. Zur Erleichterung der Wahl gibt die Tab. 1 eine Zusammenstellung mit Hinweisen auf Meßbereich, Einstellzeit, Störungsursachen und Literatur. Von derem Studium wird man ausgehen, um das richtige Verständnis der physikalischen Gegebenheiten und gerätetechnischen Möglichkeiten zu gewinnen. Alle Angaben sind also je nach der Gerätebauart und den zusätzlichen Hilfsmitteln zu modifizieren. Im allgemeinen ist der betriebsnahe Nachweis von Schwankungen der Bahnfeuchtigkeit erreichbar, während absolute Wassergehaltsmessungen nur durch Kopplung mit Eichmessungen oder andere Zweitverfahren ausreichende Zuverlässigkeit versprechen. Die Eichung wird sich auf die Ofentrocknung [24] gemäß DIN 53103 »Bestimmung des Feuchtegehaltes« stützen, wenn man nicht chemische Verfahren wie die Karl-Fischer-Methode [25] bevorzugt. Eine gewisse Meßwertkorrektur kann die Parallelmessung an Proben bieten, die der Papierbahn entnommen sind und bekannten Klimabedingungen unterworfen werden.

Unter den in der Tab. 1 erwähnten Störquellen befinden sich viele, die ihrerseits nützliche Meßgrößen darstellen. Es liegt daher nahe, aus der Gesamtheit aller Messungen ein korrigiertes Bild der Einzeleigenschaften zu gewinnen. In dieser Richtung bemüht man sich bei der anschließend behandelten Datenverarbeitung. Das Beispiel der Feuchtigkeitsmessung durch Verdampfen unter definierten Heizbedingungen weist auf einen anderen, technisch aussichtsreichen Versuch hin: hier wird eigentlich keine Kenngröße gesucht, über deren praktische Bedeutung man verschiedener Ansicht sein könnte, sondern unmittelbar der zu überwachende Vorgang – im Beispiel: Trocknung der laufenden Bahn – untersucht. Da die Papiertechnik vielfach den theoretischen Meßverfahren kritisch gegenübersteht, wird es ebenso oft sinnvoll sein, die industrielle Maschine in dieser Weise selbst zur Meßstrecke auszubilden.

Tab. 1 Beispiele für Meßmöglichkeiten von Feuchtigkeitsschwankungen in der laufenden Bahn

Elektrische Leitfähigkeit:

Meßbereich: 5–15% Wassergehalt
Einstellzeit: etwa 1 sec
Einfluß von Aufladung, Sperrschichten
vgl. W. BRECHT und L. KÖRNER, Laboratoriumsuntersuchungen über die Eignung einiger Geräte zur Schnellmessung des Papierfeuchtigkeitsgehaltes. Das Papier **8**, 247–258 (H. 13/14, 1954), und 419–430 (H. 19/20, 1954).
R.E. FISBURN and V.S. ROBYN, Measurement and control of moisture in paper by the electrical conductivity method. Tappi **41**, 149 A–150 A (No. 10, 1958) (auch in Allg. Papier-Rdsch. 1959, Nr. 11, 535–536).

Dielektrische Messungen:

Meßbereich: 0–15% Wassergehalt
Einstellzeit: beliebig klein
Einfluß von Füllstoff, Flächengewicht, Raumgewicht, Abstand
vgl. H. J. WARD, Continuous moisture control of pulp and paper by capacitance method. Tappi **41**, 192 A–196 A (No. 12, 1958).
M.Y. BROUN, I.D. TRETYAK a. al., A new electronic instrument for measuring the moisture content of paper. Poligrafiya (russ.) 1964, No. 10, S. 38/39; vgl. Abstr. Bull. Inst. Paper Chem. **35**, No. 7, Ref. 5476.
P. VAN DERVEER, Instruments, automation and the pulp and paper industry. Paper Trade J. **147**, 39–42 (No. 20, 1963).

Strahlungsabsorption und Reflexion:

Meßbereich: 5–30% Wassergehalt
Einstellzeit: etwa 3 sec
Einfluß von Abstand, Luftfeuchtigkeit
vgl. H. PEUPELMANN, R. RÜGER und W. SCHNABL, Erfahrungen beim Einsatz von Flächengewichtsmeßgeräten in der Papierindustrie. Zellstoff und Papier **12**, 236–239 (H. 8, 1963).
J.C.W. EVANS, On-machine basis weight and moisture measurement. Paper Trade J. **147**, 42–44 (No. 32, 1963).
J.H. FOLSOM, Determining chip moisture by using radioactivity. APA Tech. Paper 1964, Oct., 14–16; vgl. Abstr. Bull. Inst. Paper Chem. 35, No. 10, Ref. 8091.
K. HOFFMANN, Feuchtemessung durch Infrarotreflexion. Chem.-Ing.-Technik **35**, 55–62 (Nr. 1, 1963).

Verdampfungswärme:

Meßbereich: 5–30% Wassergehalt
Einstellzeit: etwa 2 sec
Einfluß von Betriebsbedingungen
vgl. W.O. SMILEY, Hurleton moisture control. Tappi **41**, 212 A–216 A (No. 12, 1958).

VIII. Analogmessungen

1. Veranlassung und Grundgedanke

Die unmittelbare meßtechnische Erfassung bestimmter betriebswichtiger Größen kann aus physikalischen Gründen undurchführbar werden. Entweder überschreitet der Geräteaufwand die erträglichen Grenzen oder das Meßverfahren stört unzulässig den Betriebsablauf. Es ist in der gesamten Meßtechnik üblich, in solchen Fällen als Ausweg andere, leichter zu bestimmende Eigenschaften zu wählen, die in analoger Weise von Stell- und Störgrößen beeinflußt werden. Die im vorigen Abschnitt besprochene Bahnfeuchtigkeitsmessung bietet hierfür hinreichend Beispiele, etwa wenn an Stelle des Wassergehaltes die elektrische Leitfähigkeit bestimmt wird. Immerhin wird der analoge Befund noch in dem tatsächlichen Eigenschaftsträger (hier die Papierbahn) aufgesucht. Man kann weitergehend zur Analogie die gleichen Stell- und Störgrößen auf andere Meßkörper wirken lassen, deren Überwachung einfacher erscheint. Dieser Weg bekommt seine Berechtigung aus dem betrieblichen Erfolg, er wird oft grob vereinfachend sein, wenn nur robuste Meßglieder und geringste Wartung den Betriebseinsatz sicherstellen.

2. Beispiele

Eine systematische Darstellung von Analogiemessungen ist kaum möglich, da die Besonderheit in der geschickten Wahl des Meßvergleichs liegt. Man kann bestenfalls Beispiele aus dem Bereich der Papierbahnüberwachung als Anregung für eigene Lösungen nennen. Sehr üblich ist der Ersatz der Bahntemperaturmessung durch die Angaben eines Stabthermometers, das den gleichen Luft- und Strahlungstemperaturen ausgesetzt ist wie die Papierbahn. Die Analogie zwischen Thermometerkörper und Bahn wird um so vollkommener sein, je besser z. B. die Strahlungskoeffizienten und spezifischen Wärmen übereinstimmen. Praktisch gelingt der Angleich durch die Aufnahme von Übergangsfunktionen. Es wird beispielsweise der Temperaturverlauf in der Bahn und im Thermometer nach Einschalten einer Heizplatte überwacht. Als Verbesserung kann z. B. für verschiedene Bahngeschwindigkeiten eine korrigierende Abschirmung des Thermometers versucht werden.

Aus der Veredlungs- und Drucktechnik ist als weiteres Beispiel die Überwachung der endgültigen Schichttrocknung zu nennen: man befürchtet beim Aufrollen das Festkleben mit der Bahngegenseite und das Abschmieren des frischen Druckes. Mit einem an den Bahnrand angedrückten Papierprobestreifen kann man laufend oder stückweise den Trocknungszustand überprüfen. Rupft das Papier schon nach

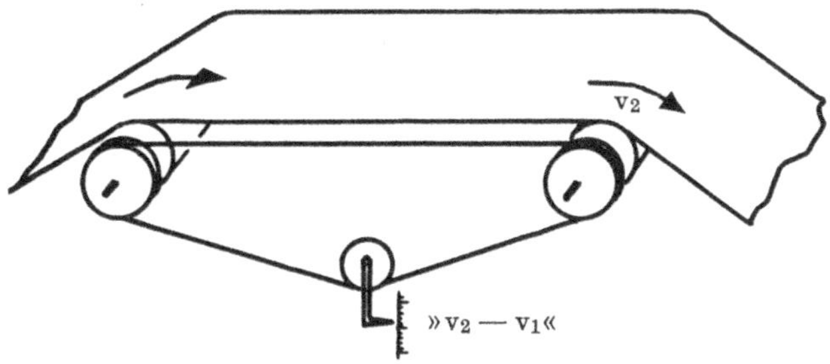

Abb. 32 Anzeige der Geschwindigkeitsdifferenz durch analoge Bahndehnung

kurzem Kontakt mit der Schichtseite, dann klebt es erst recht bei langdauernden Rollenspannungen. Solche Bedenken an der Ähnlichkeit der Vergleichsvorgänge z. B. in bezug auf den zeitlichen Ablauf müssen stets kritisch durchdacht werden. Ein ähnliches Beispiel ist die Überwachung von Geschwindigkeitsdifferenzen, wie sie etwa zwei aufeinander folgende Walzenoberflächen bieten müssen, um die Papierbahn zu spannen oder einer Quellungsdehnung zu entsprechen. Man kann dann über die betreffenden Walzen gleichzeitig einen elastischen Riemen legen (Abb. 32) und dessen Durchhang zum Maß der Riemendehnung zwischen den zu überwachenden Walzen nehmen. Der geometrische Zusammenhang zwischen Anzeige- und Meßgröße ist hier sehr einfach. In anderen Beispielen müssen schwierigere Näherungsansätze als Richtlinie genommen werden, wie im nachfolgend besprochenen Fall der Walzenreibung.

3. Mathematisches Abbild

Die Wirksamkeit transportierender Umlenkwalzen hängt von dem Kontakt der Papierbahn mit der Walzenoberfläche ab. Als mathematische Grundlage kann die Gleichung für Umschlingungsreibung gelten. Danach sind die tangentialen Reibungskräfte maximal (Zwischenrechnung in Abb. 33):

$$R = S_2 (e^{\mu\alpha} - 1)$$

wobei

S_2 = Spannkraft der auflaufenden Bahn
μ = Haftreibungskoeffizient
α = Umschlingungswinkel (Bogenmaß)
e = 2,718

Die Spannkraft der ablaufenden Bahn $S_1 = R + S_2$ im Augenblick des beginnenden Rutschens in Laufrichtung (Voreilung der Bahn), bei beginnendem Rutschen gegen die Laufrichtung (Nacheilung der Bahn) ist $S_1' + R = S_2'$. Die Umrechnung ergibt, daß Haftung gewährleistet ist, solange

$$\frac{1}{e^{\mu\alpha}} < \frac{S_1}{S_2} < e^{\mu\alpha} \tag{5}$$

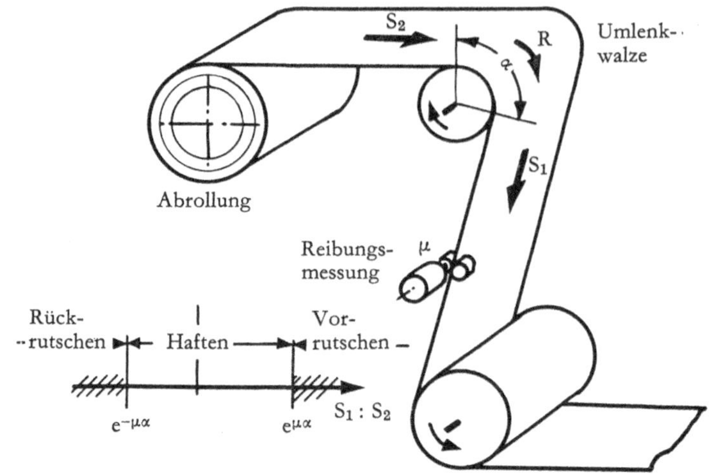

Abb. 33 Bestimmung des Haftbereiches einer Umlenkwalze durch Analogmeßgerät

Näherungsweise sind die gleichen Bereichsgrenzen gegenüber axialer Bahnverschiebung anzunehmen. Da der Umschlingungswinkel α einstellbar und ablesbar sein kann, könnten dem Betrieb dauernd der jeweilige Sicherheitsbereich angegeben werden, wenn der Haftreibungskoeffizient bekannt ist. Eine Hilfsmeßvorrichtung, wie sie beispielsweise in Abb. 33 angedeutet ist, hätte also die Aufgabe, zwar für die Umlenkwalze, aber getrennt von ihr, die Meßgröße μ zu bestimmen, die eine Angabe der gesuchten Reibungsverhältnisse an der Umlenkwalze gestattet.

Es ist leicht einzusehen, daß hierbei nicht nur die Meßfehler der Hilfsvorrichtung stören, sondern auch die Vernachlässigungen bei der Aufstellung der mathematischen Gleichung. Diese können rein formaler Natur sein, etwa zur Erleichterung von Integrationen, oder aber auch durch abweichende physikalische Bedingungen wirken. Im Beispiel der Umlenkwalze ist an die Schwierigkeiten zu denken (vgl. Abb. 10), die mit der Messung der Reibung zwischen bewegten, nur relativ in Ruhe zueinander befindlichen Kontaktflächen verbunden sind.

IX. Gekoppelte Messungen

1. Analogrechner als Koppelglied

Wenn eine Analogiemessung in irgendwelcher Form auf elektrische Meßgeräte zurückgreift, so liegt es nahe, die weiteren Möglichkeiten elektrischer Analogrechner einzusetzen [26]. Im einfachsten Fall kann es sich um die Umformung des Meßwertes handeln. So könnte im Anschluß an Abb. 33 der Meßstrom des Reibungszahlenmeßgerätes für beliebig einzustellende α-Werte durch eine Schaltung mit Funktionsgeneratoren zur direkten Anzeige von $S_1/S_2 = e^{\mu\alpha}$ bzw. $e^{-\mu\alpha}$ verwendet werden. Von größerem Interesse ist die Kopplung verschiedener Meßwerte, die z. B. als Wechselspannungen zur Verfügung stehen. Wieder am gleichen Beispiel erläutert, wären mit Hilfe von Bahnspannungsmessungen S_1 und S_2 in jedem Augenblick das Verhältnis S_1/S_2 zu bestimmen und seine Lage zwischen den beiden Rutschgrenzen anzuzeigen.

Eine ähnliche Aufgabe ist die elektronische Umrechnung auf Grund der Abb. 3. Hier soll aus der herrschenden Bahnspannung und Bahnfeuchtigkeit rechnerisch die entsprechende Bahnspannung, z.B. bei Normklima, bestimmt werden. Man benötigt diese Angabe unter anderem, um aus der Bahnspannung vor der Aufrollung auf die Rollenhärte nach endgültigem Klimaangleich zu schließen. Die gleiche Aufgabe ist mit anderen Eingangsgrößen zu lösen, wenn innerhalb der Verarbeitungsmaschine bei gleichem Bahnzug verschiedene Feuchtigkeitsbereiche durchlaufen werden. Immer handelt es sich darum, die Ablesung in einem Diagramm mit Kurvenscharen durch eine Gerätekopplung zu ersetzen. Als Grundform kann die photoelektrische Abtastung von Versuchskurven auf einem Funktionstisch angesehen werden. Für festliegende Umrechnungsgleichungen sind die schnellarbeitenden Dioden-Funktionsgeneratoren geeignet.

2. Kopplung zur Gerätekorrektur

Die physikalischen Schwierigkeiten bei Messungen an der laufenden Papierbahn zwingen oft, sich zunächst mit fehlerbehafteten Angaben zu begnügen. Die bei industriellen Feuchtigkeits- und Temperaturmeßgeräten gelegentlich vorgesehene Berücksichtigung z. B. des Flächengewichts durch Nachstellen von Drehknöpfen kann zum Ausgangspunkt für eine automatische Gerätekorrektur genommen werden. Ist also eine Flächengewichts- und eine Feuchtigkeitsmeßeinrichtung vorhanden, dann kann die Anzeige der einen zur Korrektur der anderen dienen. Dieses Prinzip ist zu verallgemeinern und gestattet günstigstenfalls den Einsatz von einfacheren Einzelmeßgeräten. Ähnlich der Regeltechnik ist vielfach die

Kopplung eines stark mittelbildenden Gerätes mit einem die gleiche Meßgröße betreffenden, aber mehr auf deren Änderungen ansprechenden Gerät sinnvoll. So wird man die durch Dehnmeßstreifentaster erfaßten Bahnspannungsänderungen auf eine Nullage beziehen können, die sich aus der Gesamtspannungsmessung mittels einer Tänzerwalze ergibt.

3. Kopplung zur Meßwertdarstellung

Abschließend ist auf die Möglichkeit hinzuweisen, die bei der Auswertung von Messungen durch die gekoppelte Übergabe an Anzeige-, Registrier- und Rechenanlagen in Betracht kommen. Die wirtschaftliche Ausnutzung einer kostspieligen Meßgeräteausrüstung wird erst bei Auswertung an verschiedenen Betriebsstellen gelingen. Als Arbeitshilfsmittel des Maschinenführers sind Anzeigegeräte geeignet, die als schematische Darstellung den Produktionsablauf widerspiegeln. Solche Bildschalttafeln sind insbesondere in elektrischen Meßzentralen schon lange üblich. Die Anpassung an die Arbeitsweise der Papiertechnik sollte in jedem Fall auch dann versucht werden, wenn man zu ungewöhnlichen Anzeigearten kommt. Beispielsweise lassen sich Bahnschwingungen gut durch Abstimmglimmröhren so demonstrieren, daß mit einem Blick aus dem Flimmerbild eines Anzeigefeldes der Laufzustand der Bahn abgeschätzt werden kann. Die graphischen Wiedergaben der Meßwerte auf einem Bildschirm (Fernsehröhre) bietet eine augenfällige Zusammenfassung von komplexen Befunden, wie etwa das Schlüpfen der Bahn über Vorzugswalzen oder der Verklebungsvorgang beim Rollenwechsel (Autopaster).
Der Anschluß der Meßanlage an eine digitale Datenverarbeitung [27] gestattet die aktenmäßige Registrierung von wesentlichen Einzelwerten und Mittelwerten, die durch den Meßgeräten nachgeschaltete Integriereinrichtungen geboten werden. Gleichzeitig erhält die Betriebsführung die Fertigungsdaten der Erzeugnisse in der Ordnung, die zur betriebswirtschaftlichen und kaufmännischen Planung erwünscht ist. Die rechnerische Behandlung der Daten liegt außerhalb der Geräteplanung, dagegen kann die Betriebsführung ihrerseits auf Grund der Rechenergebnisse in den Arbeitsablauf z. B. durch Einblendung des Sollwertes in die Schirmbildanzeige und von Variationen der Arbeitstoleranzen eingreifen. Die ausgereifte Meßtechnik ermöglicht einen ständigen Abgleich zwischen physikalischen Gegebenheiten, betrieblichen Maßnahmen und kaufmännischen Anforderungen.

Literaturverzeichnis

[1] Cleminson, C. A., Basic principles for driving paper winding equipment. Paper Trade J. **148**, 38–42 (No. 25, 1964).
McAnally, J. W., Operating experiences on winders using sheet tension in control system. Paper Trade J. **148**, 32–35 (No. 38, 1964).

[2] Bauer – Schneider, Riemen-, Seil- und Kettentriebe, Reibradtriebe. 2. Aufl., Leipzig 1960.

[3] Mack, H., Klimatechnik in der Papierwirtschaft. Papiertechnische Bibliothek, Bd. 7, Wiesbaden 1956.

[4] Ludsteck, A., Luftfeuchtigkeit in der Umgebung von Papierbahnen. Allg. Papier-Rdsch. 1963, H. 7, S. 343.

[5] Rockstrom, L., Two winding methods used to improve paper roll runnability. Tappi **47**, 137 A–140 A (No. 4, 1964).

[6] Klingelhöffer, H., Reibungsmessungen an Papier und Pappe. Allg. Papier-Rdsch. 1964, H. 1, S. 34.

[7] Gallahue, W. M., Web alignment and wrinkle control. Paper Packs 1965, February, 18–24.

[8] Pagendarm, E., Die Führung von Materialbahnen in Trockenkanälen. Allg. Papier-Rdsch. 1964, H. 18, S. 1242–1246.

[9] Samal, E., Grundriß der praktischen Regelungstechnik. 5. Aufl., München 1964.

[10] Haarlammert, M., Bahnregelung gegen seitliches Auswandern. Allg. Papier-Rdsch. 1963, H. 18, S. 1022.

[11] Klingelhöffer, H., Schwingungen von Papierbahnen. Allg. Papier-Rdsch. 1965, H. 7, S. 402.

[12] Andersson, O., and C.-B. Ihrman, Behaviour of bag paper under dynamic loading. Svensk Papperstidning **62**, 303–307 (No. 9, 1959); 790–800 (No. 21, 1959).
Andersson, O., An impulse method for measuring the impact strength of paper. Svensk Papperstidning **56**, 403–411 (No. 11, 1953).

[13] Haarlammert, M., Trennriß nach Perforieren. Allg. Papier-Rdsch. 1964, H. 19, S. 1349.

[14] Klingelhöffer, H., Schlauchformung auf Beutelmaschinen. Allg. Papier-Rdsch. 1963, H. 4, S. 180.

[15] Klingelhöffer, H., Planung der Betriebsmeßanlage für eine Versuchsbeschichtungsmaschine. Mitt. Fachausschüsse Zellcheming **9**, 23–28 (No. 2, 1961).

[16] Klein, H., Reglungen der Papierbahnen an Rotationsmaschinen und papierverarbeitenden Maschinen. Polygraph **18**, 918–922 (Nr. 11, 1965).

[17] Klingelhöffer, H., Bahnzug – Messung. Allg. Papier-Rdsch. 1962, H. 4, S. 190.
Hackenberger, G., Ein Beitrag zum Messen von Warenzügen. Papier und Druck (Buchbinderei und Papierverarbeitung) **12**, 91–94 (H. 6, 1963).

[18] Haarlammert, M., Schnittgenauigkeit beim Rollenschneiden. Allg. Papier-Rdsch. 1964, H. 12, S. 840.

[19] Klingelhöffer, H., Messung der Unebenheit geklebter Behälter. Allg. Papier-Rdsch. 1964, H. 18, S. 1276.

[20] Klingelhöffer, H., Stroboskopische Messungen im Betrieb. Allg. Papier-Rdsch. 1964, H. 10, S. 666.

[21] Kohlrausch, Praktische Physik, Bd. 1. 21. Aufl., Stuttgart 1960.
Lueders, C., How to improve control of paper manufacture by remote temperature measurement. Tappi **47**, 144 A (No. 3, 1964).

[22] Eder, F.X., Moderne Meßmethoden der Physik. Teil II: Thermodynamik. Berlin 1956.

[23] Lück, W., Feuchtigkeit (Grundlagen, Messen, Regeln). München/Wien 1964.

[24] Rounsley, R. R., The determination of moisture content. Tappi **46**, 517–520 (No. 9, 1963).

[25] Nemitz, G., Eine einfache Apparatur zur Wassergehaltsbestimmung nach Karl Fischer mittels der Dead-Stop-Methode. Chemiker-Zeitung 1958, Nr. 7, S. 222/223.

[26] Sydow, A., Elektronische Analogrechner und Modellregelkreise. Reihe Automatisierungstechnik, Bd. 6, Berlin 1962.

[27] Weide, E., Automatische Datenverarbeitung im Betrieb (Voraussetzungen, Aufgabenstellungen, Ablaufbeschreibungen, Programmergebnisse). Baden-Baden 1964.

FORSCHUNGSBERICHTE DES LANDES NORDRHEIN-WESTFALEN

Herausgegeben im Auftrage des Ministerpräsidenten Dr. Franz Meyers
von Staatssekretär Prof. Dr. h. c. Dr.-Ing. E. h. Leo Brandt

DRUCK · FARBE · PAPIER · PHOTOGRAPHIE

HEFT 155
Dipl.-Phys. K. H. Schirmer, Deutsche Gesellschaft für Forschung im graphischen Gewerbe e. V., München
Die auf Grau abgestimmte Farbwiedergabe im Dreifarbenbuchdruck
1955. 33 Seiten, 17 Abb., 2 Farbtafeln. DM 10,—

HEFT 169
Forschungsinstitut für Pigmente und Lacke, Stuttgart
Leiter: Prof. Dr. rer. nat. Karl Hamann
Arbeiten über die Bestimmung des Gebrauchswertes von Lackfilmen durch physikalische Prüfungen
1955. 58 Seiten, 23 Abb., 4 Tabellen. DM 15,—

HEFT 192
Dipl.-Phys. E. M. Schneider, München
Kohlebogenlampen für Aufnahme und Kopie
1955. 48 Seiten, 21 Abb., zahlr. Tabellen. DM 10,60

HEFT 193
Prof. Dr. phil. Otto Schmitz-Du Mont, Bonn
Untersuchungen über neue Pigmentfarbstoffe
1955. 37 Seiten, 16 Abb., 8 Tabellen. DM 11,20

HEFT 574
Dr.-Ing. habil. Hans Klingelhöffer,
Papiertechnische Stiftung, München
Trocknungsvorgänge beim Beschichten von Papier und Pappen mit Kunststoffdispersionen
1958. 34 Seiten, 14 Abb., 1 Tabelle. DM 11,90

HEFT 922
Dr. Werner Funke und Dipl.-Chem. Walter Kleinmann, Forschungsinstitut für Pigmente und Lacke e. V., Stuttgart
Bestimmung des Gebrauchswertes von Lacken durch Anwendung physikalischer Prüfungsmethoden
1960. 60 Seiten, 30 Abb., 1 Tabelle. DM 18,70

HEFT 973
Dipl.-Ing. Otto Schwab,
Papiertechnische Stiftung, München
Untersuchungen über Vinylidenchlorid-Acrylsäureester-Mischpolymerisate
1961. 28 Seiten, 12 Abb., 3 Tabellen. DM 9,30

HEFT 1206
Prof. Dr. Fritz Micheel, Dr. Helmut Schweppe, Dr. Paul Albers, Dr. Wolfgang Schminke und Dr. Wilhelm Leifels, Organisch-chemisches Institut der Westf. Wilhelms-Universität Münster
Papierchromatographische Trennung hydrophober Substanzen mit Cellulose-Ester-Papieren
Prof. Dr. Fritz Micheel, Siegfried Thomas, Horst Haneke und Dr. Walter Meckstroth, Organisch-chemisches Institut der Westf. Wilhelms-Universität Münster
Ein neues Verfahren zur Peptid-Synthese. Oxazolidonverfahren
1963. 55 Seiten, 29 Abb., 10 Tabellen. DM 29,80

HEFT 1277
Dr. rer. nat. Otto Huber,
Papiertechnische Stiftung, München
Schnellmethode zum Aufschluß anorganisch-mineralischer Bestandteile in Papier, nativen Fasern, Zellstoff und technischen Produkten
1964. 38 Seiten, 13 Abb., 6 Skizzen im Anhang. DM 26,40

HEFT 1282
Dipl.-Ing. Heinz Mack,
Papiertechnische Stiftung München
Chemisch-technische Grundlagen der Aufbereitung von kunststoffhaltigem Altpapier. Teil A und B
1964. 61 Seiten, 10 Abb. DM 29,80

HEFT 1361
Dr. rer. nat. Ulrich Zorll, Forschungsinstitut für Pigmente und Lacke e. V., Stuttgart
Leiter: Prof. Dr. Karl Hamann, Stuttgart
Ein Torsionsschwingungsgerät zur Bestimmung viskoelastischer Kerngrößen von Anstrichfilmen
1964. 41 Seiten, 15 Abb. DM 19,50

HEFT 1521
Prof. Dr. phil. habil. Johannes Albrecht,
Dipl.-Chem. Dr. rer. nat. Maximillian Heigl
Deutsche Gesellschaft für
Forschung im Graphischen Gewerbe e. V., München
Untersuchungen über die rationale Herstellung von Tiefdruckformen
1965. 55 Seiten, 13 Abb., 9 Tabellen. DM 24,—

HEFT 1523
Prof. Dr. phil. habil. J. Albrecht, W. Rehner, B. Wirz,
Deutsche Gesellschaft für Forschung im Graphischen Gewerbe e. V., München
Ermittlung einer optimalen Wasserführung zur Steigerung der Leistungsfähigkeit des Offsetdruckes
In Vorbereitung

HEFT 1565
Dr. rer. nat. Ulrich Zorll
Forschungsinstitut für Pigmente und Lacke e. V., Stuttgart
Leiter: Prof. Dr. Karl Hamann
Methode zur Messung des »Verlaufs« von flüssigen Anstrichschichten
1965. 45 Seiten, 25 Abb. DM 23,80

HEFT 1670
Dr.-Ing. habil. Hans Klingelhöffer,
Papiertechnische Stiftung, München
Kräfte und Bewegungsgesetze der laufenden Papierbahnen

HEFT 1679
Dr.-Ing. habil. Hans Klingelhöffer,
Papiertechnische Stiftung, München
Die Faltvorbereitung von ein- und mehrlagigen Vollpappen und die Rillung von Wellpappen
Chemisch-technische Grundlage der Aufbereitung von kunststoffhaltigem Altpapier
2. Teil: Kunstfaserpapiere
In Vorbereitung

WESTDEUTSCHER VERLAG · KÖLN UND OPLADEN
567 Opladen/Rhld., Ophovener Straße 1-3

Batch number: 10584556

Printed by Printforce, the Netherlands